ABHANDLUNGEN
DER RHEINISCH-WESTFÄLISCHEN AKADEMIE DER WISSENSCHAFTEN
BAND 84/2

FRIEDRICH AUGUST WOLF
Ein Leben in Briefen
Ergänzungsband
II. Die Erläuterungen

# FRIEDRICH AUGUST WOLF

EIN LEBEN IN BRIEFEN

Die Sammlung besorgt und erläutert
durch
SIEGFRIED REITER

ERGÄNZUNGSBAND
II
DIE ERLÄUTERUNGEN

Mit Benutzung
der Vorarbeiten Rudolf Sellheims
aus dem Nachlaß des Verfassers herausgegeben
von
Rudolf Kassel

Westdeutscher Verlag

Das Manuskript
wurde der Klasse für Geisteswissenschaften
am 18. April 1990
von Rudolf Kassel vorgelegt.

---

CIP-Titelaufnahme der Deutschen Bibliothek

**Wolf, Friedrich August:**
[Sammlung]
Friedrich August Wolf : ein Leben in Briefen / die Sammlung besorgt und erl. durch
Siegfried Reiter. [Hrsg. von der Rheinisch-Westfälischen Akademie der
Wissenschaften]. - Opladen : Westdt. Verl.
(Abhandlungen der Rheinisch-Westfälischen Akademie der
Wissenschaften ; Bd. 84)
NE: Reiter, Siegfried [Hrsg.]; HST; Rheinisch-Westfälische Akademie
der Wissenschaften <Düsseldorf>: Abhandlungen der Rheinisch-Westfälischen ...
Erg.-Bd. 2. Die Erläuterungen / mit Benutzung der Vorarbeiten Rudolf Sellheims
aus dem Nachlaß des Verf. hrsg. von Rudolf Kassel. - 1990
ISBN 3-531-05102-4
NE: Kassel, Rudolf [Hrsg.]

---

Herausgegeben von der
Rheinisch-Westfälischen Akademie der Wissenschaften

© 1990 by Westdeutscher Verlag GmbH Opladen
Herstellung: Westdeutscher Verlag
Satz, Druck und buchbinderische Verarbeitung: Boss-Druck, Kleve
Printed in Germany
Der Westdeutsche Verlag ist ein Unternehmen
der Verlagsgruppe Bertelsmann International.

ISSN 0171-1105
ISBN 3-531-05102-4

# Inhalt

| | |
|---|---|
| Vorwort des Herausgebers | VII |
| Erläuterungen zum Briefwechsel Wolf–Bekker | 1 |
| Erläuterungen zu den Briefen Wolfs an verschiedene Adressaten | 40 |
| Berichtigungen und Zusätze zur dreibändigen Ausgabe der Briefe Wolfs | 75 |
| Berichtigungen zum Textteil des Ergänzungsbandes | 89 |
| Wortweiser | 91 |
| Namenweiser | 95 |

## Vorwort des Herausgebers

Den Textteil dieses Ergänzungsbandes zu Siegfried Reiters Ausgabe der Briefe Friedrich August Wolfs hatte als Herausgeber Rudolf Sellheim bei seinem Tod im Jahre 1956 bis zur Umbruchkorrektur gefördert. Sein Sohn Carl Gerhardt Rudolf Sellheim, der den Abschluß des Druckes betreute, stellte am Ende des Vorworts die Publikation auch der von Reiter beigegebenen Erläuterungen in Aussicht, wurde aber durch seine eigenen, in ganz andere wissenschaftliche Gebiete führenden Arbeiten so stark in Anspruch genommen, daß er sich nach Philologen umsehen mußte, denen die Herausgabe dieses weiteren Teilbandes anvertraut werden konnte. Nachdem die Bemühungen langer Jahre nicht zum Erfolg geführt hatten, übergab er mir die Materialien zur Bearbeitung, deren Abschluß ich auch noch einmal wegen drückender Zeitnot länger hinausschieben mußte, als mir lieb war. Da Reiters streng faktisch orientierte Kommentierung keinem Verschleiß ausgesetzt ist, hat jedoch der zeitliche Verzug diesem nun endlich zugänglichen neuen Dokument seiner immensen Gelehrsamkeit nichts von seinem Wert genommen.

Über meine Arbeit ist mit wenigen Worten berichtet. Die zahllosen mit einem bloßen ‚vgl.' oder ‚vgl. zu' notierten Verweisungen Reiters sind mit hoffentlich nur geringen Unsicherheitsresten den gemeinten Stellen zugeordnet. Soweit möglich wurden die Zitate geprüft und gegebenenfalls berichtigt. Die Register, denen natürlich ihre von Reiter wie in der dreibändigen Ausgabe gewählten Bezeichnungen ‚Wortweiser' und ‚Namenweiser' belassen wurden, waren von ihm auf Zetteln vorbereitet. Im Text wurde, abgesehen von offenkundigen Verschreibungen, überall Reiters Wortlaut beibehalten; sämtliche Zusätze sind mit den Initialen meines Namens gekennzeichnet. Ihre Zahl ist auf das unbedingt Notwendige beschränkt, so daß sie sich nur an Stellen finden, wo ich glaubte, den Leser nicht im Stiche lassen zu dürfen. Manchen Zweifel habe ich unterdrückt, um dem Verfasser nicht ungebührlich oft dazwischenzureden. Etwas häufiger habe ich Reiters ‚Berichtigungen und Zusätze zur dreibändigen Ausgabe der Briefe Wolfs' (S. 89 ff.) vermehrt, zum Teil im Anschluß an die Rezension Rudolf Pfeiffers im Gnomon 14 (1938) 401–410; aus der ebenso reichhaltigen von Wilhelm Süß in der Deutschen Literaturzeitung 56 (1936) 1269–1281 hat

Reiter schon selbst mehrere Berichtigungen aufgenommen. Keiner Rechtfertigung bedarf wohl der Abdruck einer in Rudolf Sellheims Notizen gefundenen ausführlichen Begründung seiner evident richtigen Deutung einer von Reiter verkehrt aufgelösten Abkürzung (S. 80f.). Meine ‚Berichtigungen zum Textteil des Ergänzungsbandes' (S. 89f.) beruhen auf erneuter Durchsicht des Reiterschen Manuskripts. Beim Korrekturenlesen, aber auch durch eigene Anregungen und kritische Hinweise hat mich Herr Privatdozent Dr. Nesselrath unterstützt.

Gleichzeitig mit diesem neuen, die Erläuterungen enthaltenden Teilband erscheint ein unveränderter Nachdruck des Textteils. In seinem Vorwort findet der Leser den Bericht über Siegfried Reiters furchtbares Schicksal. Mit der Aufnahme seines nachgelassenen Werks in die Schriften der Rheinisch-Westfälischen Akademie wird eine Pietätspflicht an einem großen Gelehrten erfüllt.

Rudolf Kassel

# I

## Erläuterungen zum Briefwechsel Wolf-Bekker

**399a.** *1,4* „ich mich herumdrehte", Latinismus: versabar. *1,7* Diese „Zeilchen" haben sich nicht erhalten. *1,13* Eylau, Kreisstadt im preuß. Regbez. Königsberg, durch die Schlacht 7. u. 8. Febr. 1807 bekannt. Der Verlust der Russen und Preußen betrug im ganzen gegen 20 000 Mann, während die Franzosen nur die Hälfte eingebüßt haben sollen. *1,14* Wolfs zweite Tochter, Wilhelmine, wohnte seit dessen Abgang nach Berlin bei Reichardts in Giebichenstein. Reichardt gegenüber, der sich journalistisch betätigte, schien bei Verbreitung nicht ganz sicher beglaubigter Nachrichten Behutsamkeit geboten. „Er mischt sich in alles und, wie ich höre, muß man sehr gegen ihn mit Worten auf seiner Hut sein" schreibt Schiller am 30. April 1789 an die Schwestern Lotte v. Lengefeld u. Karoline v. Beulwitz (II 283 Jonas). *1,15* Im März 1807 wurde Danzig von den Franzosen angegriffen und trotz tapferer Verteidigung durch den Gouverneur Friedrich Adolf Graf v. Kalckreuth am 24. Mai aus Mangel an Munition und Lebensmitteln zur Kapitulation genötigt. *1,20* Keines von beiden ist in nächster Zeit herausgekommen. Schleiermacher an Wolf, Halle, 12. Okt. 1807: „Er (Bekker) scheint zu glauben, daß er wegen des zu druckenden Wörterbuches, an welchem er noch nicht angefangen hat zu schreiben, notwendig hier bleiben muß" (H. Meisner, Schleiermacher als Mensch. Gotha 1923, S. 94). *1,22* Es handelt sich um die 1804-7 bei Göschen erschienene Homerausgabe. *1,27* Platonis Dialogi selecti cura Lud. Frid. Heindorfii. Vol. I. Dialogi quattuor: Lysis, Charmides, Hippias maior, Phaedrus. Emendavit et annotatione instruxit L.F.Heindorfius. Berolini 1802. – Vol. II. Platonis Dialogi duo: Gorgias et Theatetus. Em. et ann. instr. L.F.H. Accedit Auctarium animadversionum Philippi Buttmanni. Berol. 1805. – Vol. III. Platonis Dialogi tres, Cratylus, Parmenides, Euthydemus. Em. et ann. instr. L. F. H. Berol. 1806. Eine Rezension dieser Ausgaben in Jen. ALZ Nr. 176–178 (27–29 Juli) 1808. Chiffre: hebr. Aleph. *1,30* „Harscher ist hier unter dem Schutz einer Anstellung bei der Bibliothek, die ihm Wolf gegeben", schreibt Schleiermacher an Varnhagen, Halle, 17. Nov. 1806 (H. Meisner a. a. O. S. 73). Ausführliches über Nikolaus Harscher aus Basel, der als Student in Halle Vorlesungen bei Henrich Steffens und namentlich Schleiermacher gehört hatte, mit dem er später nach Berlin übersiedelte, wo er durch acht Jahre sein Tischgenosse war, im Basler Jahrbuch 1886, S. 1ff. Wiederholt begegnet auch Harschers Name in Varnhagens Tagebüchern, in dessen Denkwürdigkeiten (Kapitel: Universität Halle 1806/7 u. Berlin 1807/8) sowie im Briefwechsel Rahel mit Alexander von der Marwitz, hrsg. von H. Meisner. Gotha 1925. *2,1* Der „Spanier" ist der General Graf Pardo de Figueroa, spanischer Gesandter am preuß. Hofe (vgl. zu I 432,1). In dem an Pardo selbst gerichteten nicht mehr vorhandenen lateinischen Brief beurteilte Wolf dessen dorische Ode jedenfalls mit übernachsichtiger Höflichkeit, wie aus dessen in Wolfs Nachlaß vorliegendem Dankschreiben vom 27. März 1807 hervorgeht, das in seiner mehrfach fehlerhaften Orthographie also lautet:

Mon respectable Monsieur et Sçavant Professeur:

J'ai reçu vôtre precieux lettre du 20 du courant avec ce vif interet qu'inspire votre juste reputation. Votre suffrage, Monsieur, m'est d'autant plus precieux qu'il part d'un Sçavant dont je revere les talents et les connoissances. Mais permettez moi de le dire, vou êtes plus indulgent que juste envers moi, et les eloges dont vous voulez bien honnorer mes faibles efforts sont plutot des encouragements pour ce qu'il me reste à faire, que des recompenses pour le peut que j'ai fait. Mon ode est une bien petite chose, mais puisqu'elle a pu vous contenter je commence à en avoir une idée moins desavantageuse. Mon amour propre ne peut pas resister à une impulsion aussi efficace que celle de votre approbation.

*2,3* „bedeuten" = belehren; vgl. Goethe, W. Meisters Lehrj. 7,5 (W. A. 23,41) Therese bedeutete den Verwalter in allem, sie konnte ihm von jeder Kleinigkeit Rechenschaft geben.    *2,11* Bekker erwies sich auch als gründlicher Kenner der romanischen Sprachen.    *2,23* Im Autograph „ihren".

1.    *2,27* Diese „drei Bewerbungen" (Briefe) haben sich nicht erhalten. *2,30* Es sind die Korrekturbogen der Homerausgabe Wolfs (vgl. zu S. 1,22). *2,34* Über die 1804 u. 1805 veröffentlichten von Bekker (Chiffre *Δμ*.) in der Jen. ALZ. 1807 rezensierten Editionen von Korais vgl. zu I 411,32. – „verlegene" (Part. von verliegen) = die länger gelegen haben, als sie liegen sollten; vgl. S. *72,37* verlegene Münzen. – Sp. 451 spricht Bekker von des Korais neugriechischem „Stile, der nicht weniger vielleicht unter französischem als unter holländischem Einfluß gebildet, von popularer Klarheit zu gemütlicher Breite sich hinneigt." *2,38* Vgl. zu S. 1,20    *3,1* Aeschinis et Demosthenis Orationes de Corona. Ex recognitione Imm. Bekkeri. Accedunt scholia partim inedita. Halis Sax. 1815. Hemmerde.    *3,10* Vgl. zu S. 1,27    *3,15* Johann Friedrich Fischer hatte in den Jahren 1760, 1770, 1774, 1776 verschiedene Dialoge Platos herausgegeben. *3,24* mécanique céleste: Mechanik des Himmels, Lehre von der Bewegung der Himmelskörper.    *3,26* S. 236 der Parmenides-Ausgabe Heindorfs wird Schleiermacher als „vir praestantissimus" gerühmt, „cui plus aliquando Plato debebit quam omnibus, quotquot et sunt et erunt, philologis. Nam dum ille ipsa philosophiae Platonicae penetralia aperit, nos in syllabis apicibusque haeremus." *3,29* Lebus, Stadt im preuß. Regbez. Frankfurt a. O.    *3,31* „Meine Odyssee" = „meine Odyssee-Revision" (S. 6,30).

**400a.** *4,1* Hymn. in Apoll. 112 ἔπεα πτερόεντα προσηύδα (Iris) πάντα μάλ', ὥς (Bekker wollte offenbar dafür ὅσσ') ἐπέτελλον Ὀλύμπια δώματ' ἔχουσαι. Od. I 278 οἱ δὲ... ἀρτυνέουσιν ἔεδνα πολλὰ μάλ', ὅσσα ἔοικε φίλης ἐπὶ παιδὸς ἕπεσθαι. Hymn. in Apoll. 54 οὐδ' εὔβουν σε ἔσεσθαι οἴομαι οὔτ' εὔμηλον. *4,5* Vgl. zu S. 7,27. *4,19* Die zwei Reden sind die des Äschines gegen Ktesiphon und des Demosthenes Kranzrede (vgl. zu S. 3,1).

**400b.** *4,28* Vgl. S. 5,45. *4,40* Welches Buch von Christoph (?) Meiners gemeint sei, läßt sich nicht sagen. Vielleicht seine Allgemeine kritische Geschichte der Religionen. Hannover 1806–7. 2 Bde.

**401a.** *5,17* Offenbar war in dem Brief die Rede von der schon damals geplanten Plato-Ausgabe. *5,31* Bevüen: bévue, Versehen, Fehler, Mißgriff. *5,38* Carton, ein umgedrucktes Blatt, das an die Stelle eines ausgeschnittenen fehlerhaften kommt, Auswechselblatt. *5,42* Aus diesem „Précis", zwei in der Akademie d. W. gehaltenen Vorlesungen (vgl. zu II 3,41) ist Wolfs Darstellung der Altertumswissenschaft (Mus. der Altertumsw. 1807) erwachsen. *5,45* Der „anliegende Plan" dürfte Wolfs „Vorschläge" enthalten, „wie ohne irgend einen neuen Aufwand statt der jetzt verlorenen zwei am besten dotierten Universitäten ein großes für hiesige Lande und für ganz Deutschland wichtiges literarisches Institut gestiftet und in kurzer Zeit in Gang gebracht werden könnte" (vgl. zu II 4,34. 7,12). *6,2* Vgl. zu S. 8,9. *6,8* So hießen in Preußen die zuerst 4. Febr. 1806 herausgegebenen Schatzscheine zu 5, 50, 100, 250 Taler und später zu 1 Taler Kurant, die in allen Landeskassen für voll angenommen werden sollten. *6,15* Vgl. S. 4,7. *6,19* Nicht vorhanden. Vgl. zu II 4,19. *6,23* Von der Korrespondenz Wolf–Eberhard hat sich nichts erhalten, so daß sich die Anspielung nicht aufklären läßt.

**2.** *6,32* Vgl. zu S. 5,45. *6,36* anstehen: still stehen, zögern. *7,7* Vgl. zu I 411,10.

**401c.** *7,27* Homeri Hymni et Epigrammata, edidit Godofr. Hermannus. Lipsiae 1806. *7,29* Im gleichzeitigen Br. an Göschen vom 28. Aug. 1807 (II 5,30) klagt Wolf über die „kalabrische Glut".

**402a.** *8,7* Im Autograph irrtümlich „werden". *8,8* Der darauf bezügliche Br. Bekkers liegt nicht vor. *8,9* Gemeint der „elende" Schmalz (S. 6,2; vgl. III 157 Mitte).

**407 a.** *8,23* Schleiermacher an Wolf in einem ungedruckten Br. (PrStBibl.) vom 9. Nov. 1807:

Unserm Becker habe ich den Antrag gemacht, zu Herrn v. Wülknitz zu gehn. Es ist nur die Rede von Griechisch, Lateinisch und Deutsch-Lesen zu bestimmten Stunden ohne ein Engagement auf bestimmte Zeit und dafür jährlich (alles frei versteht sich) 300 Rthlr. Er hat es angenommen, weil sein Entschluß bald gefordert wurde. Er wollte es erst an Sie bringen, ich sagte ihm aber, ich hätte schon einmal mit Ihnen davon gesprochen und, als ich Ihnen auseinandergesetzt, daß er kein Hofmeister sein sollte und daß ein Knabe schon ziemlich vorgerückt wäre, hätten Sie geschienen nichts dagegen einzuwenden. Ich glaube, auch Sie werden dies besser finden, als wenn er in Berlin mit weit mehrerem Zeitaufwand und weniger Geldgewinn Stunden geben müßte. Unsere Freundin Herz kann Ihnen alle dortigen Verhältnisse noch näher auseinandersetzen.

*8,28* Das portugiesische Nationalepos Lusiadas von Luiz de Camões. Schon damals also beschäftigte sich Bekker mit romanischer Sprachkunde, in der er sich später als Meister erwies.   *8,29* Vgl. zu S. 1,20.   *8,32* Jen. ALZ. 1807 (9. Dez.) Nr. 287, S. 473–480 ist von Bekker (Chiffre *Λϰ*) rezensiert: Lettre critique de F. J. Bast ... à Mr. J. F. Boissonade sur Antoninus Liberalis, Parthenius et Ariténète. Paris 1805 (vgl. zu S. 12,7).   *8,34* Jen. ALZ 1807 (8. u. 9. Juni), Nr. 133. 134 hat Bekker (unterzeichnet *Δμ*) zwei Ausgaben von Korais rezensiert (vgl. zu I 411,32).   *8,37* In Wolf-Buttmanns Mus. antiquitatis studiorum I, fasc. II (1811) 255–476 findet sich: Apollonii Dyscoli, grammatici Alexandrini, De pronomine liber. Primum edidit Emanuel Bekkerus. Früher als Bekker hatte Bast diesen Traktat aus dem codex Parisinus 2548 abgeschrieben (aber nicht herausgegeben). Doch weicht dessen apographon, aus dem er einige Lesungen in Schäfers Ausgabe des Gregorius Corinthius (1811) veröffentlichte, von Bekker vielfach ab, was sich aus der schwer zu lesenden Schrift des codex erklärt (vgl. zu II 122,6).   *8,38* Vgl. zu S. 3,1.   *9,5* Wohl die Darstellung der Altertumswissenschaft nach Begriff, Umfang, Zweck und Wert im Mus. der A.-W.

**411a.**   *9,15* Vgl. zu S. 5,45. Es handelt sich um die „ungeborene Universität" in Berlin (vgl. Bekkers Br. Nr. 3).   *9,24* Vgl. zu II 13,9 u. III S. 155f.

**3.**   *10,5* Vgl. II 7,12. 19,39 u. zu II 24,12.   *10,16* vgl. zu S. 3,1.   *10,19* Vgl. zu S. 8,37.

**424a.**   *10,29* Bekker hatte kurz vorher das westfälisch gewordene Halle verlassen und eine Hauslehrerstelle im Hause des Kammerherrn Wülknitz in Lanke bei Bernau angenommen.   *10,33* Benjamin Gotthold Weiske, Oratio de Halonneso Demostheni, cui vulgo abiudicatur, vindicatur adiectis sub finem observationibus maximam partem criticis. Lübenae 1808. Es ist dies aber derselbe Weiske, der im Gegensatz zu Wolf für Cicero als Verfasser der Marcellusrede eintrat: Commentarius perpetuus et plenus in orationem M. Tullii Ciceronis pro M. Marcello ... Lipsiae 1805 (vgl. zu I 307,20). Verfasser der Rede De Halonneso ist Hegesippus nach dem Zeugnis des Harpokration und Libanios. Bei jenem heißt es s. v. Ἡγήσιππος: ... οὗ δοκεῖ τισιν εἶναι ὁ ζ' Φιλιππικὸς ἐπιγραφόμενος Δημοσθένους (Harpocrationis Lexicon ... ex rec. G. Dindorfii I p. 146). Dies des Libanios Urteil in der Ὑπόθεσις: Ὁ δὲ λόγος οὐ δοκεῖ μοι Δημοσθένους εἶναι. δηλοῖ δὲ ἡ φράσις καὶ ἡ τῆς συνθέσεως ἁρμονία, πολὺ τὸν Δημοσθενικὸν πεφευγυῖα τύπον, ἀνειμένη τε καὶ διαλελυμένη παρὰ τὴν ἰδέαν τούτου τοῦ ῥήτορος ... ὑπώπτευσαν δὲ καὶ οἱ πρεσβύτεροι τὸν λόγον ὡς οὐ τοῦ ῥήτορος καὶ πεφωράκασί γέ τινες ὄντα Ἡγησίππου καὶ ἀπὸ τῆς ἰδέας τῶν λόγων ... καὶ ἀπὸ τῶν πραγμάτων. Bei den „anderen Alten" mochte Wolf z. B. an Photios gedacht haben, der Bibl. p. 491a, 2–19 sich also äußert: τινὲς ... τὸν περὶ Ἁλοννήσου λόγον ... οὔ φασιν εἶναι γνήσιον Δημοσθένους ... καὶ οἵ γε αὐτὸν ἀφαιρούμενοι τοῦ Δημοσθένους εἰς Ἡγήσιππον ἀναφέρουσιν. ἐγὼ δὲ ... οὐκ ἔχω θαρρεῖν ἀποφήνασθαι, εἴτε Ἡγησίππου πόνος ὁ περὶ Ἁλοννήσου λόγος εἴτε τῆς Δημοσθενικῆς ἐλάττωμα καθέστηκε φύσεως. In Ludov. Casp. Valckenari Diatribe in Euripidis perditorum dramatum reliquias (Ludg. Bat. 1767) p. 252 sq. ist die Rede von Versen des Eupolis, die an einer Stelle dem Hegesippus vorgeschwebt zu haben scheinen, „seu quicunque orationem inter Demostheneas scripsit de Halonneso." Der anonyme Rez. der Schrift Weiskes in Leipz. LZ. 1808, Sp. 401–4 nennt als diejenigen, die die Rede dem Demosthenes absprechen: Libanius, Suidas, Etymol. M., H. Wolf, Valesius, Faber, Valckenaer.     *11,1* August Matthiä, Ausführliche griechische Grammatik. Leipzig 1807. Rez. Neue Leipz. LZ. 1807 III 1745–1776 (anonym). Sp. 1755 heißt es: „Bei Aeschin. c. Ctesiph. S. 532 [= § 140 ἐνταῦθ' ἤδη, ἐπεὶ τὸ δεινὸν αὐτῶν ἥπτετο, μετεπέμψαντο Ἀθηναίους καὶ ὑμεῖς ἐξήλθετε καὶ εἰσῄειτε] glauben wir, müsse εἰσῇτε gelesen werden." Sp. 1770: „Die Stelle des Dem. pro corona p. 242 [nicht 442, wie Wolf irrtümlich schreibt], 9 sollte ... für fehlerhaft erklärt sein, da das Perf. gar nicht so stehen kann: ἐπεὶ διά γε ὑμᾶς αὐτοὺς πάλαι ἂν ἀπολώλατε. Reiske hat mit Recht das Plusquamperf. [ἀπωλώλειτε] aufgenommen."     *11,6* Des Theodoros Gazes Γραμματικὴ εἰσαγωγή (Venedig 1495, zuletzt 1805) hat Bekker nicht herausgegeben. Als Hilfsmittel für den elementaren Unterricht in der griechischen Formenlehre übersetzte Erasmus die Grammatik des Theodoros ins Lateinische: Theodori Gazae Thessalonicensis Grammaticae institutionis libri duo per Desiderium Erasmum Roterodamum in latinam linguam conversi ac distincti (Opp. I 117 ss.). Wolf selbst hatte im höheren Alter (1817) unter neuen Ausgaben der vorzüglichsten neugriechischen Grammatiker eine solche des Theodoros Gazes mit Anhang des Traktats Περὶ συντάξεως des Michael Synkellos ins Auge gefaßt.

**426a.**     *11,18* Vgl. II 31,24.     *11,22* Cic. Lael. 22 vita vitalis, ut ait Ennius; vgl. zu S. 10,29.     *11,29* Neue Leipz. LZ. 1808, I 1–6. 17–24. 61–64. 106–112.

*11,32* Vgl. zu Nr. 479, III S. 175.   *11,36* Niemeyer, Kanzler u. Rector perpetuus der jetzt westfälischen Universität Halle.   *11,39* Die 1574 vom Herzog Julius gegründete Helmstedter Universität wurde 1809 vom König Jérôme aufgelöst. *12,7* In dem in Wolfs Briefsammlung auf der PrStBibl. befindlichen Brief Eichstädts an Wolf vom 8. Jan. 1808 schreibt jener, Goethe habe „die Rezension der Bastischen Epistola (vgl. zu S. 8,32) so unfreundlich" gefunden. Der Ton der Rezension ist allerdings nicht freundlich, sie ist aber streng sachlich; getadelt wird die Form des „Kritischen Briefs". Unverständlich Wolfs Bemerkung: „wo nicht etwa Eichstädt ... geschrieben habe", da Boissonade außer im Titel gar nicht genannt wird. Arnoldts Angabe (II 413), der diese Rezension Wolf zuschreibt, ist nach unserer Briefstelle zu berichtigen.   *12,14* Vgl. zu S. 11,6.

4.   *12,32* Samuel Heinrich Catel, Prediger an der Hospitalkirche der französischen Gemeinde in Berlin, mit Schleiermacher befreundet. Näheres über ihn Euphor. 14 (1907), 287–308: S. H. Catel, ein Lehrer Heinrich v. Kleists. Wie ich diesem Aufsatz von Hermann Gilow entnehme (S. 290), wurde Catel als gründlicher Kenner des Französischen von gelehrten Freunden um Rat angegangen, so auch von Wolf, dem er in einem in der PrStBibl. aufbewahrten Brief vom 9. April 1818 mit der Anrede „Verehrtester Herr und Freund" auf Befragen Auskunft über die Etymologie der Namen Fénelon und Casaubonus gibt. – Darüber, welche Schrift (Wolfs Darstellung der Altertumsw.?) ins Französische übertragen werden sollte, läßt sich ebensowenig sagen wie über die Person des Parisers. *12,39* Der Däne ist zweifellos der damals in Paris sich aufhaltende P. O. Bröndsted (vgl. II 78,7.25); über die beiden Reden vgl. zu S. 3,1.   *13,2* Vgl. zu S. 1,20.

436a.   *13,8* Plaut. Trin. 963 te tribus verbis volo.   *13,10* Eustathii Archiepiscopi Thessalonicensis Commentarii in Homeri Iliadem. Graece, latine. Alexander Politus nunc primum latine vertit, recensuit, notis perpetuis illustravit. Accedunt notae Antonii Mar. Salvini. Florentiae 1730–35. Voll. 3. – Über diesen Münchner Codex vgl. zu II 52,32. – Theocriti decem eidyllia latinis pleraque numeris a C. A. Wetstenio reddita. In usum eruditorum cum notis edidit eiusdemque Adoniazusas uberioribus adnotationibus instruxit L. Casp. Valckenaer. Lugd. Bat. 1773. – Schreiben über eine Hallische Erzählung. 1807 (vgl. Schriftenverzeichnis u. zu Br. 383, III 148).

5.   *13,22* Vgl. zu S. 13,10.   *13,25* Phil. Guil. van Heusde, Specimen criticum in Platonem. Accedit Dan. Wyttenbachii Epistola ad auctorem. Item collationes codicum mss. Platonis cum a Dav. Ruhnkenio confectae tum aliae. Lugd. Bat. 1803.   *13,31* Vgl. zu S. 11,6.   *13,32* Vgl. zu S. 1,20.

6.     *14,3* Von dieser Reise Wolfs ist in keinem der gleichzeitigen Briefe die Rede.     *14,11* Es ist der cod. Venetus A (454) des 10./11. Jhdts, der damals gleich anderen kostbaren Handschriften aus verschiedenen Bibliotheken der eroberten Länder durch Napoleon nach Paris gebracht worden war.     *14,13* Vgl. zu S. 11,32.     *14,14* Vgl. zu II, 147,20.     *14,15* Vgl. zu S. 11,29. - Heidelberg. Jahrb. der Lit. I (1808), 305-321. Der Rezensent spricht über das ν ἐφελκυστικόν, vom hohen Wert der Ausgabe, macht manche Vorschläge zur Textkritik u. einige Ausstellungen.     *14,16* Orphica cum notis H. Stephani, A. Chr. Eschenbachii, J. M. Gesneri, Th. Tyrwhitti recensuit Godofredus Hermannus. Lipsiae 1805.     *14,17* Vgl. zu S. 7,27 u. zu II 258, 38.     *14,18* Welche „Collation" Bekker im Auge hat, läßt sich nicht sagen. [H.-G. Nesselrath vermutet Beziehung auf S. 12,39. - R. K.]

7.     *14,25* Vgl. zu S. 11,1.     *14,26* Gelegentliche Gedanken über Universitäten in deutschem Sinne. Nebst einem Anhang über die neu zu errichtende. Von F. Schleiermacher. Berlin 1808. VIII, 176 S.     *14,27* Vgl. zu I 366,17. Kuithans Urkomödien sind rezensiert von Böckh in Heidelberg. Jahrb. der Lit. II (1809), 2 Bd. S. 3-22 (= Kl. Schr. VII 141ff.)

**447a.**     *15,11* De Apollonii Alexandrini libris syntaxeos (1806) handelte Bekkers - ungedruckte - Dissertation; vgl. zu I 415,35. Der Aufsatz ist nicht zustande gekommen.     *15,17* Des Lambert Bos Ellipses graecae (Franeker 1802 u. ö.) waren zuletzt herausgegeben von G. H. Schäfer (Leipzig 1808).     *15,21* Quinti Smyrnaei Posthomericorum libri XIV. Nunc primum ad librorum manuscriptorum fidem et virorum doctorum coniecturas recensuit, restituit et supplevit Thomas Christianus Tychsen. Accesserunt observationes Ch. Gtlo. Heynii. Argentorati ex typogr. soc. Bipontinae 1807 (mehr nicht erschienen). Der Beiname Calaber, der dem Dichter früher gegeben wurde - so z. B. auch von Lessing, Laokoon XII - beruht darauf, daß die einzige Quintus-Handschrift zwischen 1453 u. 1472 von Bessarion in Kalabrien gefunden wurde.     *15,31* Vgl. zu II 62, 18.32.     *15,34* Godofredi Hermanni De ellipsi et pleonasmo in graeca lingua in Wolf-Buttmanns Mus. antiq. studiorum Vol. I (1808), 95-235 = Opusc. I 148-244; vgl. H. Koechly, Gottfried Hermann S. 150f.     *15,37* Herakleitos der Dunkle von Ephesos, dargestellt aus den Trümmern seines Werks und den Zeugnissen der Alten von F. Schleiermacher (Mus. der Altertums-Wiss. I (1807), 313-533; wiederholt in Schleiermachers Sämtl. Werken, 3. Abt. zur Philosophie, Bd. II 1ff.     *15,39* Im Mus. der A.-W. I 578-584 stellt Wolf zwölf philologische Aufgaben, die er also einleitet:

Unter dieser Rubrik sollen von Zeit zu Zeit, wenigstens einmal in jedem Bande, *[schon im 2. u. letzten nichts dergl.]* allerlei Probleme, Zweifel, Anfragen ausgestreut werden, deren so viele in den verschiedenen Feldern der alten Literatur sich zudrängen. Es ist möglich, daß manche dergleichen Fragen schon irgendwo in einem wenig bekannten Buche beantwortet stehen; dann würde die gefällige Hinweisung auf eine solche Beantwortung andere von neuer Mühe befreien. Auch hat oft jemand eine bedeutende Schwierigkeit für sich gelöset, ohne zu wissen, daß sie noch viele drückt; und so wäre dem Glücklichen auf der Stelle ein Platz zu gemeinschaftlicher Belehrung dargeboten. Manchmal dürften dergleichen Aufgaben auch mit der Absicht gemacht werden, um für eine nächstens zu liefernde Ausführung einer Materie vorläufig einiges Nachdenken zu erwecken. Sollte aber dieser Artikel nicht immer unmittelbaren Nutzen zu haben scheinen, so sehe man ihn an quasi ob fugam vacui, nicht im figürlichen Sinne von Lücken der Einsicht, sondern in der sprichwörtlichen typographischen, zumal so gegen Ende eines Bogens, wie hier.

*Hier einige Beispiele:*

VII. Um der Vollkommenheit der Wörterbücher in beiden Sprachen immer besser vorzuarbeiten, ist es nötig, viele Ausdrücke nach ihren Bedeutungen und deren Zusammenhange einzeln zu behandeln. Ein leichter Versuch der Art wäre z. B. die genauere Bestimmung der Wörter *ratio* und *respectus* nebst den daraus gebildeten Redensarten. Überdies bemerkt man in dem heutigen Gebrauche dieser Wörter auch bei den gelehrten Latinisten einige Abweichungen von dem Sprachgebrauche der Alten; so in dem *ratione rei habita*.

VIII. Überhaupt gibt es der Akyrologien (um nicht von Solöcismen und Barbarismen zu reden) gar viele bei den übrigens nachahmungswürdigsten Latinisten der neuern Zeit. Auch bei Muret, der doch in der ersten Klasse derselben steht, zeigte Ruhnkenius so manches Irrige der Art; aber nicht alles. Dahin gehört das schon bei Muret und überall vorkommende *parum abest quin*. In grammatischen Lehrbüchern sogar wird geboten, nach *parum abest* nur *quin* zu schreiben. Daher endlich die Anfrage, bei welchem Klassiker das *parum* vorkomme vor *abest quin* und wie es vorkommen könne nach dem rechten Begriff von *parum*?

IX. Da schwerlich aus Denkmälern und andern Quellen der Orthographie gültige Gründe für die Schreibart *Jupiter* aufzubringen sind, warum hangen wir noch immer, auch gegen besseres Wissen, an der gemeinen Gewohnheit? Oder wäre *Juppiter* nicht von allen Seiten gegen Einwendungen gesichert?

X. Wie ist der Sprachgebrauch zu erklären, nach welchem die Römer bei Angabe des Datums statt *die* sagten *ante diem* und sogar *in ante* und *ex ante diem*?

XI. Welches ist die beste Aufklärung der Redensart *loqui quod in solum venit* von Gedanken und Sachen, wie sie einem einfallen, ohne Absicht, ohne Überlegung, ohne Zusammenhang mit dem vorigen gesagt?

XII. Welches ist die richtigste und durch Gebrauch der Alten bewährteste Form des Genitivs der griechischen Wörter auf *is? Poeseos, poesios, poesis?* u. dergl.

**15,40** Vgl. zu S. 11,1. **15,43** Grundriß der Philologie von Friedrich Ast. Landshut 1808. 591 S. Das „Journal" ist die nur in drei Bänden (1808–10) in Landshut erschienene Zeitschrift für Wissenschaft und Kunst, herausgegeben von Dr. Friedrich Ast, Professor zu Landshut. In des ersten Bandes zweitem Heft S. 149 ff. ist ein Aufsatz von D. Karl Rottmanner: „Für Herrn J. H. Voß" abgedruckt. Dies die wesentlichen Stellen:

Im 12ten Stück des Morgenblattes gegenwärtigen Jahres befindet sich ein Aufsatz von Hrn. J. H. Voß: ‚Für die Romantiker' betitelt, nebst einer Parodie des von W. Schlegel übersetzten lateinischen Kirchenliedes: Über das letzte Gericht ... Daß unter den von mir dort [in meiner Kritik der Rede

F. H. Jacobis Über gelehrte Gesellschaften, ihren Geist und Zweck] angeführten Schriftstellern ein Goethe und Ast zwar eben nicht als christkatholische Romantiker, wie Hr. Voß in seiner gemeinen Art zu spassen sich auszudrücken beliebt, wohl aber beide als Männer genannt werden, welche auf den Geist der deutschen Literatur sehr vorteilhaft gewirkt, kann nur ein solcher sonderbar finden, der von dem jetzigen intellektuellen Streben entweder gar keine oder nur Begriffe wie Hr. Voß hat. Goethe und Ast mochten wohl mitleidig über denjenigen lächeln, der da glaubte oder vielmehr die Welt glauben machen wollte, als müßten sie sich etwa in Gesellschaft gegenseitig in Verlegenheit befinden; wohl aber könnte so mancher bei Erblickung des parodierten Gedichtes mit Recht ausgerufen haben: Ein W. Schlegel neben – Voß!

Sicherlich berührt es seltsam, wenn hier Ast, dessen Verdienste auf anderen Gebieten liegen, und Goethe in Einem Atem genannt werden als Männer, „die auf den Geist der deutschen Literatur sehr vorteilhaft gewirkt hätten", doch übertreibt Wolf in boshaft spöttischer Weise, wenn er Ast, über dessen „Quasi-Enzyklopädie" er geringschätzig urteilt, durch Rottmanner, „einen Menschen seiner Clique dem Publikum sagen läßt, daß es außer Goethe und Ast im Grunde doch keinen Dichter habe". „es habe": frz. il y a.    *16,13* Vgl. zu S. 15, 17.

**8.**    *16,18* Theocriti Reliquiae utroque sermone, com scholiis graecis et commentariis integris Henr. Stephani, Jos. Scaligeri et Is. Casauboni. Curavit hanc editionem, Graeca ad optimos codices emendavit, libros tres animadversionum indicesque verborum Theocriteorum addidit Jo. Jac. Reiske. Viennae et Lipsiae 1765–66. Voll. II.    *16,21* Vgl. zu S. 11, 32. Im Vorwort (S. IV) der Homerischen Blätter schreibt Bekker über seine Rezension:

> Als ich die Wolfische Ausgabe rezensierte, war ich Hauslehrer in Lanke bei Bernau ... Keine alte Ausgabe war zur Hand, kein Seber[1], kein Damm[2]. Und was leicht zu beschaffen gewesen wäre und zu weitgreifenden Folgerungen geführt hätte, eine Vergleichung [des Wolfischen Homer mit dem Ernestischen] unterblieb aus Scheu und Ehrfurcht vor dem Wiederhersteller des Homer, dem allgemein anerkannten, seit ihn Hermann proklamiert hatte in den schönen Worten: ‚vir patriae, non saeculi more acer et strenuus, dum Homerum nobis eripuit, restituit.' Geschah nun dennoch, daß mein eng angelegtes opusculum im Fortgang sich freier bewegte und tiefer einging, so verscherzte es gerade dadurch d e n Beifall, den es vor allem andern suchte.

*16,31* Alexander von der Marwitz hatte in Halle studiert und nach der Schlacht bei Jena sich denen angeschlossen, die die Befreiung Preußens und Deutschlands vom Joch der Fremdherrschaft betrieben. An Wolf war er in Briefen Georg Ludwig Spaldings und Johannes v. Müllers empfohlen. Jener schreibt Berlin, 25. Febr. 1804: „Diesmal gehen wieder einige von uns nach Halle, denen ich Ihre Gunst wünsche und gönne ... Leider kann ich jetzt noch nicht schicken eine

---

[1] Index vocabulorum in Homeri non tantum Iliade atque Odyssea sed ceteris etiam quotquot exstant poematis. Cum rerum, epithetorum et phrasium insigniorum annotatione studio M. Wolfgangi Seberi editus. Heidelbergae 1604; wiederholt Amstelodami 1649. Oxonii 1780.
[2] Novum Lexicon graecum etymologicum et reale, cui substratae sunt Concordantiae et Elucidationes Homericae et Pindaricae. Collegit C. T. Damm. Berolini 1765 u. 1774.

ἄβατον ψυχὴν [Plat. Phaedr. 245 a ἀπαλὴν καὶ ἄβατον ψυϑχήν], v. Marwitz; ein herrlicher Junge, voll Lust und Durst nach griechischem Schönen." Müller nennt ihn (10. März 1805) „einen in der Tat vorzüglichen Jüngling, den ich nicht zu empfehlen brauche, weil Sie selbst bald sehen werden, wie viel in ihm ist." Mit Bekker schon als Mitschüler am Gymnasium zum Grauen Kloster befreundet, war er in Halle eine Zeitlang sein Stubengenosse gewesen. Er fiel im Treffen von Montmirail 11. Febr. 1814. Näheres über ihn in Gallerie von Bildnissen aus Rahels Umgang u. Briefwechsel. Hrsg. von K. A. Varnhagen v. Ense. 2. Teil (Leipzig 1836), S. 11–19 und in Theodor Fontanes Wanderungen durch die Mark Brandenburg II 270–297.

**9.** *17,3* Vgl. zu I 36,6 u. S. 13,10.  *17,4* Die Ausgabe des Etymol. M. läßt sich ebensowenig angeben wie die „Berliner Odyssee" (wohl eine der Berliner Bibliothek entliehene Ausgabe).  *17,9* Vgl. zu S. 15,21.

**451a.** *17,21* „Novellus Valckenarius" durfte Böckh genannt werden, da er gleich seinem großen Vorgänger auf Fragen der höheren (literar-historischen) Kritik, auf gewisse Interpolationen in den Tragikertexten, auf Umarbeitung ganzer Stücke bei wiederholten Aufführungen sein Augenmerk richtete (vgl. zu II 62,32).  *17,23* Über die Versmaße des Pindaros, Mus. d. A.-W. II (1808) 167–362.  *17,25* Es ist die Vorlesung: Von einer milden Stiftung Trajans (3. Aug. 1808).  *17,27* Vgl. zu S. 15,21; Ter. Eun. 531 o capitulum lepidissimum.

**459a.** *18,24* Joh. Wilh. Süvern 1807–8 Prof. der Philologie in Königsberg.

**10.** *18,33* Hor. Carm. III 24,6 dira Necessitas. [Aber dira cupido Verg. Georg. I 37, Aen. VI 373.721, IX 185. – R. K.].  *18,34* Plutarchi Chaeronensis Moralia, id est Opera exceptis vitis reliqua. Graeca emendavit, notationem emendationum et latinam Xylandri interpretationem castigatam subiunxit, animadversiones explicandis rebus ac verbis, item indices copiosos adiecit Dan. Wyttenbach. Oxonii 1795–1830; 8 Tomi in 15 Voll.  *19,7* Der dänische Philologe Bröndsted hielt sich damals in Paris auf (vgl. II 78,7.25). Von ihm drei Briefe (Paris, 12. Juni 1807; 28. Apr. 1808; 12. Jan. 1809) in Wolfs Nachlaß, doch nicht der von Bekker erwähnte.  *19,13* Nur nach langwieriger Nachforschung unter gütiger Mithilfe von Prof. E. R. Curtius in Bonn, ließ sich die rätselhafte Anspielung deuten. Es handelt sich um das Werk: République des Champs Elysées ou Monde ancien, ouvrage posthume de M. Charles Joseph de Grave, ancien conseiller du conseil en Flandres, membre du conseil des Anciens. Gent 1806. Vol. I XXXVIII u. 266 S. Vol. II 251 S. Vol. III 266 S. Die Besprechung Bekkers (unterzeichnet Δμ) in der Jen. ALZ. Nr. 76 (30. März) 1809 enthält zum größten Teil

Zitate aus dem Buche dieses gelehrten Verkehrten, wovon nur zwei hier angeführt seien:

Gallien fanden schon die Römer weit von der goldenen Zeit und sie stellten es noch geflissentlich in ungünstiges Licht. So verschrien sie als Menschenopfer die Exekutionen der Kriminaljustiz und ließen verschallen jene Verse, woran die gallische Jugend oft zwanzig Jahre lernte, weil sie das Höchste enthielten, was göttliche und menschliche Weisheit aufgestellt hat, einen vollständigen Kursus aller Wissenschaften des ersten Ranges. Doch haben sie uns nicht verhehlen können, daß die Gallier vom Pluto abstammen. Pluto aber ist Sohn des Saturnus, Bruder des Jupiter, also die Gallier himmlischer Abkunft. Pluto herrscht in der Hölle, Saturnus im Elysium, also Hölle und Elysium in Gallien. In der Hölle werden die Toten gerichtet und begraben, also in der Hölle die Gräber der Ur-Gallier. Pluto ist Neffe des Atlas; also die Gallier verwandt den Atlanten ...

*Noch amüsanter folgende Stelle aus diesem „Narrenparadies":*

Daß Homerus kein Grieche war, erhellt aus seiner Vermischung der Dialekte und eben aus jenem Namen Mentor, der nichts im Griechischen bedeutet, aber im Atlantischen einen Gelehrten, mithin einen Erzieher. Da nun Homerus, der ein Schulmeister war so gut wie Orpheus, Pythagoras, Sokrates, Plato und Aristoteles, unter diesem Namen sich selbst aufgeführt hat, so ist er offenbar ein Atlante, geboren wie Orpheus der Sithonier und Odin der Sachse zu St. Omer. In dortiger Gegend lassen sich auch die Irren des Ulysses aufs bestimmteste nachweisen. Ulysses kommt nämlich in das Land bei Blankenburg, wo die Dörfer Vlissegem (Ulyssis aedem) und Lissewege (Ulysses-Weg, wie Lissabon Ulysses-Bahn) noch von ihm zeugen: unweit Assebroek, dem Asciburgium des Tacitus, und Lombaerds-Yde, dem Stammsitze der Longobarden und ihrer athelingischen Könige wie auch der idäischen Daktylen und ihrer Nachbarn, der Phrygier oder Friesländer ...

An diese und weitere Auszüge knüpft Bekker folgenden Schlußabsatz: „Dies wird genug sein und übergenug, um einen Begriff zu geben von einem Buche, dem der Verfasser und der Vorredner G. B. Liégeard, ein Mitglied zweier gelehrter Gesellschaften in Frankreich, nachrühmen, daß es den Schleier zerreiße, der die alte Geschichte verborgen, daß es der Wahrheit siegen helfe über dickes Gewölk der Vorurteile, daß es den Fabeln das Gift benehme, das die Unschuld bisher daraus gesogen. Andere werden an dieser Apokolokyntose der alten Welt kaum etwas zu loben finden außer etwa den Patriotismus und die Keckheit."
*19,16* Vgl. zu S. 16,18.   *19,21* Vgl. Br. 459a.   *19,23* Die betreffenden Bogen des zweiten Bandes des Mus. d. A.-W. (S. 167–198), die Bekker wohl im Auge hat, enthalten den umfänglichen Aufsatz Böckhs über die Versmaße des Pindaros (S. 167–362).

**462b.**   *19,26* Nach Kassel war Wolf damals nicht gekommen (vgl. II 82,19). *19,31* Erst nach Jahren erschienen Scholia in Homeri Iliadem ex recensione Imm. Bekkeri. Berol. 1825. Voll. II.   *19,36* Vgl. II 83,25.   *20,4* Eine Lektion über deutsche u. lat. Prosodie u. Metrik hielt Konrad Leop. Schneider.   *20,5* Vgl. zu S. 13,10 u. I 36,6.   *20,6* Homeri Ilias et Odyssea et in easdem Scholia sive interpretatio veterum. Item notae perpetuae in textum et scholia ... Opera, studio et impensis Iosuae Barnes. Cantabrigiae 1711. Voll. II.   *20,13* Offenbar handelt es sich um die in den Jahren 1804 u. 1805 gehaltenen Reden Morgensterns, die später unter folgendem Titel erschienen sind: Johannes Müller oder Plan im Leben nebst Plan im Lesen und von den Grenzen weiblicher Bildung. Drei Reden. Leipzig 1808; kurz besprochen von W. Süß, Karl Morgenstern (Dorpat 1928) S. 140. Daß die süßliche Schönrednerei Morgensterns – „kokett und elegant in seinen Begriffen", nennt ihn Schiller im Brief an Goethe vom 8. Mai 1798 – Wolf nicht lag, ist nur allzu verständlich (vgl. II 64,28); indessen scheinen Wolfs boshafte Bemerkungen hier ungegründet zu sein. Morgenstern hatte Müller zur Zeit der 1804 gehaltenen Rede wirklich „nur per scripta" gekannt und offenbar in den später veröffentlichten, mir nicht zugänglichen Reden nur sein Bedauern ausgedrückt, Müller früher nicht persönlich gekannt zu haben. Erst 1809, kurz vor Müllers Tod war dies in Kassel geschehen. Bei seiner schwärmerischen Verehrung für Müller (Süß a.a.O. S. 219ff.) ist es wenig wahrscheinlich, daß Morgenstern etwa genau während des Druckes der Reden mit einem „rechten Judasstreich" sich nicht zu „seinem Heros" habe bekennen wollen. Eine Rezension der Reden ist in der Jen. ALZ. nicht zu finden.     *20,20* Vgl. II 82,30.

**463a.**     *20,38* Luster: Auszug, Übersicht (?); scheint Ausdruck der Kanzleisprache.     *20,41* Bei den „Familien-Arrangements" dürfte es sich um die bevorstehende Heirat von Wolfs Tochter Wilhelmine (17. Juli 1809; so, nicht 1811) handeln; berichtigt und ergänzt seien deren Lebensdaten: 1786–1861.

**472a.**     *21,6* Vgl. zu I 303,28. II 246,13.     *21,9* Der „so unbekannte Autor" ist Apollonios Dyskolos, dessen Ausgabe Bekker ins Auge gefaßt hatte.     *21,13* Bekkers Edition der Kranzrede erschien erst mehrere Jahre später bei Schwetschke, dem Besitzer der Hemmerdeschen Buchhandlung. – Über das Lexikon vgl. zu S. 1,20.     *21,24* Anspielung auf den fenerator Alfius bei Hor. Epod. 2,67. *21,37* Vgl. zu II 196,11.

**11.** *22,16* Il. 16,60. 18,112.19,65.     *22,17* Vgl. zu S. 21,13.     *22,18* Vgl. zu S. 15,11.     *22,27* Über den „Rezensenten" Porsons (vgl. zu S. 21,6) weiß ich nichts zu sagen, ebensowenig über die „Rezension der Ilias".     *22,31* Vgl. zu S. 7,27.     *22,32* Vgl. zu S. 14,15.     *22,34* Vgl. zu II 196,11.

**477a.** Nicht eigenhändig bis zu den Worten: „Von ihrem Fieber sind Sie doch nun befreit?"     *23,7* Vgl. zu S. 11,32.     *23,11* Beziehung unklar; vielleicht der von Bekker im nächsten Br. erwähnte Aufsatz über Wyttenbach (?) gemeint. *23,29* Andreas Christoph Niz, Kleines griechisches Wörterbuch in etymologischer Ordnung zum Gebrauch für Schulen. Berlin u. Stralsund 1808; 2. Aufl. [besorgt von I. Bekker] Berlin 1821. Reimer.

**12.**     *23,35* Über Wyttenbachs Bibliotheca critica vgl. zu I 272,35.     *23,38* Sollten bei dem „Eichstädtischen Quattuorvirate" die hier Genannten: Wyttenbach, Coray, Porson und Wolf ins Auge gefaßt sein?     *24,8* Vgl. zu S. 23,11.

**478c.**     *24,21* Es ist die lateinische Übersetzung von Basts Lettre critique (vgl. zu S. 8,32): F. Jac. Bastii Epistola critica ad J. Fr. Boissonade super Antonino Liberali, Parthenio et Aristaeneto cum (auctoris) emendationibus et additamentis manuscriptis e lingua gallica in latinam versa a C. Alb. Wiedeburg. Cum tabula aeri incisa. Lipsiae 1809. Rez. Jen. ALZ Nr. 125, 31. Mai 1810, Sp. 394f., unterzeichnet *Λϰ* = Bekker.

**479.**     *25,2* Der rezensierende Bekker war von seinem „eng angelegten opusculum" (vgl. zu S. 16,21) ebensowenig befriedigt wie Wolf, der rezensierte, der aber, zu seiner Ehre sei es gesagt, es seinen Schüler in keiner Weise entgelten ließ. Denn in einem Atem spricht er offen seine Bedenken, ja fast sein Mißfallen aus und berichtet „mit wahrem Vergnügen" von dem Erfolg seiner Empfehlung Bekkers bei Humboldt. Noch nach mehreren Jahren äußert er sich öffentlich in ruhigem Tone über jene nach damaligem Brauche anonym erschienene Besprechung (Lit. Anal. I 442[1] = KlSchr. I 546[1]):

Plagulae illae scriptae sunt a viro probe docto et, ut multae eius litterae testantur, mihi amicissimo, non, ut nonnulli tum putabant, uno ex iniquis meis. Et ipse mihi eum quasi subornavi adversarium, ministratis nonnullis censurae subsidiis, quod eam sperabam utilissimam fore Homero meo, de quo antea corrigendis typographi speciminibus optime meruerat; omisi tamen ab eo scripta legere, antequam typis mandarentur. Alioquin ipsum de quibusdam monuissem, quae nunc veris et ingeniosis aspersa sunt partim temere, partim falso animadversa, a meque reiecta consulto. Ita nova insunt, quae magnopere vereor ut veterascant.

**483a.**     *25,23* Vgl. zu II 52,27.     *25,25* Il. 17,514. Od. I 267 u. ö.     *25,28* Die Worte beziehen sich wohl auf den Münchner Codex (Victorianus) zu den Homerscholien, den Bekker für seine Scholienausgabe (vgl. zu S. 19,31 u. zu II 52,32) verwertet hat.     *25,35* Darüber nichts in der von Eichstädt redigierten Jen. ALZ. zu finden.

**487a.**     Nur die Schlußworte: „und eilen Sie ... ja so ein" von Wolfs Hand. *26,18* Vgl. zu S. 2,1.     *26,19* Gemeint ist Claviers Histoire des premiers temps de la Grèce. Paris 1809, 2 voll. – Bibliothèque d' Apollodore l' Athénien; traduction nouvelle avec le texte grec, revu et corrigé; des notes et une table analytique, par E. Clavier. Paris, an XIII (= 1805) 2 voll.     *26,21* Die „kleine Arbeit" betrifft die von Bekker für die Jen. ALZ. geplante weder Jen. ALZ 1810 noch 1811 zu findende Rez. der Histoire grecque de Thucydide, accompagnée de la version latine, de variantes de 13 manuscrits de la Bibliothèque Impériale, d' observations historiques, litéraires et critiques, de specimens de ces manuscrits, de cartes géographiques et d' estampes, par J. B. Gail. À Paris 1807–8. XII. Voll. Vgl. zu S. 27, 38 und 39.

**13.**   27,6 Vgl. zu S. 19,31.   27,9 Vgl. zu S. 26,21.

**14.**   27,36 Vgl. zu S. 26,21.   27,38 Die Ausgabe erschien aber erst später: Oeuvres complètes de Xénophon, traduites en français et accompagnées du texte grec, de la version latine, et des notes critiques, des variantes des manuscrits de la Bibl. Royale, des plans de bataille et cartes géographiques, des observations militaires et géographiques. Par J. Baptiste Gail. Paris 1814–16. XI Voll.   27,39 Ich finde nur Oeuvres complètes d' Homère, en grec, accompagnées de la traduction française, de la version interlinéaire latine, et suivies d' observations littéraires et critiques, et de la Clef d' Homère. Par J. B. Gail. Paris 1801. VII. Voll. Über eine Sonderausgabe der Odyssee habe ich nichts gefunden, dagegen nur Philoctète de Sophocle, traduit par J. B. Gail. Paris 1813   28,1 Πλουτάρχου βίοι παράλληλοι, οἷς προσετέθησαν σημειώσεις καὶ τῶν αὐτοσχεδίων στοχασμῶν περὶ τῆς Ἑλληνικῆς παιδείας καὶ γλώσσης ἀκολουθία. Φιλοτίμῳ δαπάνῃ τῶν ἀδελφῶν Ζωσιμάδων. Ἐν Παρισίοις Αωθ' sqq. (= 1809–15). VI Voll.   28,2 Von Clavier kein Beitrag im Mus. der A.-W.   28,19 Beauvais, alte Hauptstadt der Bellovaker (Depart. Oise). 28,20 Etymologicum Magnum seu magnum grammaticae penum, in quo et originum et analogiae doctrina ex veterum sententia copiosissime proponitur, historiae item et antiquitatis monumenta passim attinguntur, superiorum editionum variorumque auctorum collatione a multis ac foedis mendis repurgatum, perpetuis notis illustratum tribusque utilissimis indicibus verborum rerum atque auctorum numero paene infinitorum nunc recens adauctum. Opera Friderici Sylburgii Veter. [Heidelbergae] 1593.   28,21 Der dänische Dramatiker, Satiriker und politische Schriftsteller Peter Andreas Heiberg wurde 1799 seiner rücksichtslosen oppositionellen Schriften wegen des Landes verwiesen, ging nach Paris, wo er unter dem Kaiserreich als Chef des Bureau des relations extérieures angestellt wurde.

*Anschrift:* A Monsieur Monsieur Wolf Membre de l' académie Royale des Sciences à Berlin (Thiergarten, Nr. 32).

**15.**   28,37 Im Auftrag der französischen Akademie war Michel Fourmont in den Jahren 1728–30 zu wissenschaftlichen Zwecken nach Griechenland und dem Orient gereist. Die von ihm dort gesammelten, vielfach ungenauen und mit eigenmächtigen Fälschungen untermischten Kopien griechischer Inschriften hatte Bekker in Paris abgeschrieben.   29,1 Vgl. zu S. 26,21 u. 27,36   29,2 Ἱπποκράτους περὶ ἀέρων, ὑδάτων, τόπων. Traité d' Hippocrate des airs, des eaux et des lieux; traduction nouvelle avec le texte grec collationné sur deux manuscrits, de notes critiques, historiques et médicales, un discours préliminaire, un tableau comparatif de vents anciens et modernes, une carte géographique, et les index nécessaires. Par Coray. Paris, l'an IX (= 1800). Voll. II.    *29,3* Géographie de Strabon, traduite de Grec en Français, à Paris 1805-19. Diese Übersetzung veranstalteten de Laporte Dutheil, Coray und Gosselin auf Befehl Napoleons. – Strabonis Rerum Geographicarum libri XVII. Isaacus Casaubonus recensuit summoque studio et diligentia, ope etiam veterum codicum emendavit ac commentariis illustravit. 1587. ... secundis curis cumulate exornavit. Lutetiae Parisiorum 1620.    *29,6* Λόγγου Ποιμενικῶν λόγοι τέτταρες (hrsg. von P. L. Courier). Ἐν Ῥώμῃ 1810, aus dem cod. Florentinus mit Benützung eines cod. Vaticanus in 52 Exemplaren gedruckt. Das aus dem cod. Florentinus gewonnene Supplement zum 1. Buch erschien auch unter dem Titel: Ποιμενικῶν ἀποσπασμάτιον μέχρι νῦν ἀνέκδοτον (cum versione lat. Hier. Amati). Ἐν Ῥώμῃ 1810 (7 Bl.). Gleichzeitig wurden nur 60 Exemplare einer französischen Übersetzung auf Kosten des Herausgebers Courier gedruckt: Daphnis et Chloé, traduction complète (par Amyot et Courier) d'après le manuscrit de la Bibliothèque de Florence (Florence 1810). In Passows Übersetzung (Leipzig 1811) hatte Goethe „zum erstenmal das bisher fehlende bedeutende Stück" kennengelernt. „Es überraschte mich dasselbe", schreibt er an Passow am 20. Okt. 1811 (W. A. 22,181), „als ich im Laufe des Lesens unvermutet darauf stieß und ich mit Verwunderung anerkennen mußte, daß erst durch dieses bisher unbekannte Glied das höchst schätzbare Werk zu einem wahren Kunstganzen hergestellt worden."    *29,18* Vgl. zu S. 8,37. Bekker gab den Text aus dem schwer lesbaren cod. Parisinus 2548 und wird von Wolf im Praemonitum hierzu mit ehrenvollen Worten gewürdigt und eingeführt:

> Praeter omnis antiquitatis eximiam cognitionem, praeter subtilem utriusque linguae scriptorum lectionem ... ille iam tum, cum sub magistris academicis studeret, variis diversarum aetatum membranis conferendis tantam eius rei facultatem sibi paravit, ut Parisios cum venisset, sine ullo spatii dispendio oblatis facile periteque uti posset. Quod quam vere a nobis praedicetur, ostendit haec editio, utpote ex libro curata, qui insigni scripturae difficultate famosus ... etiam veteranos codicum helluones deterruerat.

*29,25* Mit Reskript des Königs vom 28. Sept. 1810 wurde Böckh von Heidelberg nach Berlin als Professor eloquentiae et poeseos berufen, trat aber erst zu Ostern 1811, im sechsundzwanzigsten Lebensjahre stehend, sein neues Lehramt an.    *29,27* Il. 17,514. Od. 1,267 u. ö.

**501a.**    *29,43* Wolf hatte zu Anfang Juni 1810 den Weg über Dresden in die böhmischen Bäder genommen, war von dort über Prag nach Wien gereist, wo er sich längere Zeit aufhielt, darauf nach München gekommen und im Oktober nach Berlin zurückgekehrt.    *30,2* Vgl. zu S. 28,37.    *30,11* Der berühmte cod. A der Ilias (Venetus 454) befand sich damals zufolge des Napoleonischen Systems der Plünderung wissenschaftlicher und Kunstsammlungen der eroberten Länder in Paris.   *30,18* Vgl. zu I 21,15.   *30,34* Jedenfalls gemeint Joh. Gottlob Schneiders Großes Kritisches griech.-deutsches Handwörterbuch (Züllichau 1797-98, 2 Bde; 2. Aufl. 1805-6).   *31,4* Wolfs älteste Tochter Johanna, verehelichte Harke (vgl. II 121,13).   *31,7* Bröndsted (vgl. zu S. 12,39) hatte am 12. Januar 1809 aus Paris an Wolf geschrieben:

> Zuerst die erfreuliche Nachricht, daß Sie nächstens einen gewiß sehr interessanten französisch geschriebenen Beitrag für das Museum von Chardon-la-Rochette erhalten werden, eine Sammlung von allen edierten und unedierten Epigrammen, Gedichtchen und Notizen aus dem griechischen Altertum, die er bis itzt hat auftreiben können über die berühmte Hetäre Lais. Es ist ein Stück seiner Anthologie. Er hat sein Wort und seinen Handschlag gegeben, daß er auch in der Folge ein tätiger Mitarbeiter des Museums sein werde. Was Sie ihm als Salarium gönnen, wird er mit Dank annehmen. Ich sage Ihnen unter uns, daß er es wohl brauchen kann ... Chardon ist ein vortrefflicher Literator und gewiß nicht ohne kritischen Sinn. Ich habe ihm die Tendenz des Museums erklärt und er ist, was die Franzosen nennen, enchantiert von Ihrer Idee. Obschon er eigentlich kein Deutsch versteht, hat er sich doch mit vielem Fleiße durch das erste Stück des Museum, das ich ihm geschenkt habe, durchbuchstabiert. Er schätzt und verehrt Sie außerordentlich.

Indessen findet sich kein Beitrag Chardons im Museum.   *31,8* Vgl. zu S. 32,32.   *31,11* Heindorf, seit 1796 am Köllnischen Gymn. in Berlin, war 1810 kurze Zeit Prof. der Berliner Universität.   *31,14* Vgl. zu II 110,38.   *31,16* Wolf war der erste Direktor der neu geschaffenen wissenschaftlichen Deputation bei der Sektion des öffentlichen Unterrichts, legte aber schon nach kurzer Zeit sein Amt nieder (vgl. zu Br. 480.489). Sein Nachfolger wurde Schleiermacher. – Hier einiges aus Bekkers Antwort (Paris, 10. Dez. 1810):

> Den Venet. Cod. werde ich schwerlich noch dieses Jahr erhalten, weil ich von Hase nicht verlangen darf, daß er mir auch den von Hrn Bast auswirke, nachdem er ihm eben erst den Apollonius Dyskolus und den Lexicographus Sangerm.[anensis] abgelistet hat. Aber im Januar hoffe ich Ihren Auftrag auszurichten. Von dem Buch Περὶ ἀντωνυμίας und meinem übrigen Treiben schreibe ich Ihnen nächstens, wenn ich Bericht abstatte von Larcher, Chardon, Clavier, die ich in diesen Tagen aufsuchen will ... Von der Akademie, von Humboldt oder Schleiermacher habe ich keine Silbe. Was mir vorbehalten sei, weiß also Gott: schwerlich was Rechtes.

**503a.**   *31,34* Vgl. zu S. 8,37.   *31,39* Wo Bast die geplante Edition des Apollonius habe bekannt machen lassen, vermag ich nicht zu sagen.   *32,12* Παυσανίου Ἑλλάδος Περιήγησις. Description de la Grèce de Pausanias. Traduction nouvelle avec le texte grec collationné sur les Mss. de la bibliothèque du roi, par M. Clavier. Paris 1814-23. Voll. VI, dazu noch ein Supplément 1823. Nur die zwei ersten Bände besorgte Clavier, die folgenden Coray und Courier.

**16.**   *32,23* Es ist der cod. Ven. A der Ilias (vgl. zu S. 14,11).   *32,32* Vgl. zu II 66,23.196.11. „Viro illustri Larchero, civi Francico, Instituti doctrinarum

Nationalis sodali, Musarum Herodotearum interpreti eruditissimo et elegantissimo, huncce librum *ANTIΔΩPON* gratissimo animo obtulit Wolfius." Dies der Wortlaut des Widmungsblattes von Wolfs Ausgabe der vier Reden Ciceros post reditum (1801), einem Gegengeschenk für die von Larcher ihm zur Verfügung gestellte Kopie der einzigen das Etymologicum des Orion enthaltenden Pariser Handschrift.    *32,33* Histoire d' Hérodote, traduit du Grec avec des remarques historiques et critiques, un Essai sur la Chronologie d' Hérodote et une Table géographique, par M. Larcher. À Paris 1786. Voll. VII. Nouvelle édition, revue, corrigée et considérablement augmentée, à laquelle on a joint la Vie d' Homère attribuée a Hérodote, les extraits de l' Histoire de Perse et l' Inde, par Ctesias, et le traité de la malignité d' Hérodote: le tout accompagné de notes par P. H. Larcher, à Paris, an XI (1802), Voll. IX.    *32,34* Der „junge Gelehrte" ist zweifelsohne der dänische Philologe Bröndsted (vgl. zu S. 12,39).    *33,1* Vgl. zu S. 29,6.    *33,4* Vgl. zu S. 32,12.    *33,11* Weder hat van Lennep den Hesiod noch Beck die Aristophanesscholien herausgegeben.    *33,13* In Vol. I der Anecdota graeca (Berolini 1814 G. Reimer) edierte Bekker die Lexica Sangermanensia: 1. Ἐκ τῶν Φρυνίχου τοῦ Ἀραβίου τῆς σοφιστικῆς προπαρασκευῆς. 2. Ἀντιαττικιστής. 3. Περὶ συντάξεως, ποῖα τῶν ῥημάτων γενικῇ καὶ δοτικῇ καὶ αἰτιατικῇ συντάσσονται. 4. Δικῶν ὀνόματα κατὰ ἀλφάβητον. 5. Λέξεις ῥητορικαί. 6. Συναγωγὴ λέξεων χρησίμων ἐκ διαφόρων σοφῶν τε καὶ ῥητόρων πολλῶν.

*Anschrift:* A Monsieur Monsieur F. A. Wolf, Membre de l' Académie Royale de Prusse à Berlin (Behrenstrasse)


**17.**    *33,38* Ein dritter Brief Bekkers aus diesen Wochen hat sich nicht erhalten [Aber vgl. zu S. 31,16. – R. K.].    *Anschrift* = 16.


**503 b.**    *34,27* Vgl. zu I 36.6.


**18.**    *35,21* Liv. 38,25,13 periculum in mora.

*Anschrift:* A Monsieur Monsieur F. A. Wolf, Conseiller intime de S. M. le Roi de Prusse, Membre de l' Académie de Berlin à Berlin (Behrenstraße)


**19.**    *35,32* Vgl. zu S. 34,27.    *35,27* Vgl. S. 32,8 u. 34,31.    *35,29* Vgl. zu S. 8,27.    *36,1* Vgl. zu S. 33,13.    *36,17* Vgl. S. 32,12.    *36,21* Vgl. S. 34,38. *36,25* Vgl. S. 31,39.    Anschrift = 17.


**503 c.**    *36,34* Von einem Wechsel können der Sicherheit wegen (z. B. bei Versendung) mehrere Originalexemplare (Duplikate) ausgefertigt werden, die, im Kontexte mit den Ordnungszahlen (Prima, Sekunda, Tertia) bezeichnet, zusammen nur als ein Wechsel gelten.    *36,40* Nur der Br. vom 11. Dez. vorhanden.

*Anschrift:* Monsieur Mons. le Docteur Bekker à Paris Rue des Ménars, 16.

**503 d.**    *37,6* Vgl. zu S. 8,37.    *37,10* Vgl. zu S. 35,21.    *37,11* Das „praefamen" abgedruckt in Wolfs KlSchr. I 415–418. Vgl. zu S. 29,18.    *37,15* Der „muckerische Prof. Graec. litt." ist Heindorf.    *37,24* Der „hiesige" Verleger ist G. C. Nauck.    *37,31* Eur. Hipp. 436 αἱ δεύτεραί πως φροντίδες σοφώτεραι. *37,39* Vgl. S. 35,33.    *37,43* Vgl. S. 33,20.    *38,5* Der „Tuckmäuser" ist Heindorf.

**20.**    *38,16* Vgl. zu S. 37,11.    *39,2* Vgl. S. 28,11 u. 29,12.    *39,5* Vgl. S. 34,30.

**21.**    *39,15* Naev. trag. I p. 9 Ribb. (Hector proficiscens) Laetus sum laudari me abs te, pater, a laudato viro.    *39,34* Schiller, Bürgschaft 109 Von Stunde zu Stunde gewartet er mit hoffender Seele der Wiederkehr.    *39,38* Oratores attici. Ex recensione Immanuelis Bekkeri. Oxonii 1822–23 (4 Bde) u. 1823–24 Berlin bei Reimer (5 Bde).    *39,39* Demosthenis Oratio pro corona. Aeschinis in Ctesiphontem. In usum praelectionum recensuit E. C. F. Wunderlich. Gottingae 1810. Derselbe De via atque ratione, quae novo Demosthenis Aeschinisque editori ineunda sit, disputavit nonnulla. Gottingae 1810.    *40,1* Vgl. zu I 286,24.

**22.**    *40,21* Vgl. zu I 36,6.    *40,22* Vgl. zu S. 37,11.    *Anschrift* = 17.

**504 a.**    *41,4* Der „Ehrenmann" ist wohl Heindorf, dem, wie es scheint, bei einer Übersetzung die seltsame Wendung vom „abendlichen Rindfleisch" und in anderem Zusammenhang der grammatische Schnitzer „millibus locis" (vgl. S. 43,35) – Bekker würde ihm auch den Solözismus „millium locorum" zutrauen (vgl. S. 69,6) – entschlüpft war, der prof. eloquentiae ist Böckh (vgl. S. 31,12). *41,8* Vgl. S. 31,16.    *41,19* Der zweite deutsche Ort ist München (S. 38,3). *41,26* Die Konjektur an der Thukydidesstelle ließ sich nicht feststellen. Bei der Odyseestelle handelt es sich offenbar um 15,36 αὐτὰρ ἐπὴν πρώτην ἀκτὴν Ἰθάκης ἀφίκηαι, wo die Längung von ον vor Ϝακτήν ihre Rechtfertigung finden könnte. *41,33* Es sind aber über 13 Bogen.    *41,34* Hor. Epist. II 1,3.    *41,42* Vgl. S. 37,34.    *42,9* Zu dieser Societas litterarum ist es ebensowenig gekommen wie zu so vielen andern von Wolf geplanten literarischen Unternehmungen. Er selbst nimmt hierzu in scherzhafter Rechtfertigung und Selbstironie das Wort auf einem im Nachlaß erhaltenen Blättchen (Körte II 127): „Übrigens sollte man auf Versprechungen der Gelehrten überall nicht mehr geben als auf die der Liebenden, von deren Eidschwüren die Alten sagen, sie würden von den Göttern verziehen! Jene Sünde trifft eben diejenigen gerade am meisten, die wahre Liebende in der Literatur sind." Ähnlich entschuldigt sich Goethe in einem Brief an Cotta vom 22. Aug. 1811 (WA 22,152 f.): „Bis diese Tage hoffte ich noch immer, nach meiner getanen Zusage, Ihnen etwas zu dem Frauenzimmer-Almanach zu senden ... Aber es drängt sich so viel übereinander, daß es mir nicht möglich geworden ist, und ich würde mit mehr Verlegenheit dieses anzeigen, wenn nicht die Versprechen der Autoren sowie die Schwüre der Liebhaber von den Göttern selbst mit einiger Leichtigkeit behandelt würden."     *42,18* Im Praemonitum ad Apollonium de pronomine rühmt Wolf die liberalen Bibliothekare (S. 256):

Servatum Parisiis primitivum exemplar iam communi studiosorum commodo apertum debemus viris excellentissimis, qui illi Graecorum Mss. thesauro praefecti egregie sciunt, quibus modis de exquisitioris doctrinae studiis bene mereri deceat tantam opulentiam, quae non omnia in proprios usus convertere possit, et quid suis ipsorum dignum sit personis. Promos enim, non condos pretiosarum opum illos esse uno ore testantur, quibuscunque ex aliquot annis contigit, ut magnae bibliothecae inexhaustos fontes adirent. Adisse nimirum oportet ipsum qui cupiat haurire.

*42,22* Vgl. zu S. 32,33. Die Mémoires aus jener Zeit mir nicht zugänglich. *42,25* Vgl. zu S. 32,12.     *42,30* Johann Dominik Fuss, Philologe u. Dichter in lateinischer u. deutscher Sprache, von Wolf in der Vorrede zu seinem Platonis dialogorum delectus wegen Beihilfe in der Pariser Bibliothek genannt (KlSchr. I 419), war Herausgeber von Ioannis Laurentii Lydi Philadelpheni De magistratibus rei publicae Romanae libri III, nunc primum in lucem editi et versione notis indicibusque aucti a J. Dom. Fuss. Praefatus est Car. Bened. Hase. Paris 1812. Von ihm auch zwei Bände Poemata latina[2] (Lüttich 1848), unter denen namentlich die Übersetzung von Schillers „Glocke" als Meisterstück angesehen wurde. *42,31* Tibull, Werke, der Sulpicia Elegien und einige elegische Fragmente anderer, übersetzt von Johann Ferdinand Koreff. Paris 1810. In den Lesarten zu Goethes Tag- u. Jahresheften wird unter den „bedeutenden, wirksamen Büchern", die seine Aufmerksamkeit erregten, neben andern auch „Tibull von Koreff" genannt (W. A. 36,400).     *42,35* Μύθων Αἰσωπείων Συναγωγή. Φιλοτίμῳ δαπάνῃ τῶν ἀδελφῶν Ζωσιμάδων, παιδείας ἕνεκα τῶν τὴν Ἑλλάδα φωνὴν διδασκομένων Ἑλλήνων. Ἐν Παρισίοις ΑΩΙ (= 1810). Die Ausgabe, von Coray besorgt, enthält 64 Abbildungen und neugriechische Scholien.     *42,43* In einem den Briefen Bekkers an Wolf beiliegenden Br. Bekkers an den Buchhändler G. C. Nauck in Berlin (Paris, 17. April 1812) heißt es:

Man versichert, seit einigen Wochen sei die Ausfuhr von Büchern nach England freigegeben und die Herrn Treuttel und Würtz mit Zurüstung von Sendungen beschäftigt. Diese Handlung hat überhaupt ein solideres Ansehn als das Treiben des Hrn. Schöll, der uns ohnehin schon abhold ist, weil er uns für Widersacher seines verstorbenen Freundes [Bast] ansieht.

*Anschrift:* à Monsieur Monsieur Bekker Docteur à Paris Rue d. Ménars No. 16.

**23.**     *43,27* Arati Phaenomena et Diosemea. Cum annotatione critica ed. Ph. Buttmann. Berolini 1826. Bei der Konstituierung des Textes sind Bekkers Kollationen der Hss. verwertet.     *43,30* Séguier wohnte in Beauvais.     *43,32* Recueil de mémoires sur différens manuscrits grecs de la Bibliothèque Impériale de France. Par C. B. Hase. Première partie. Paris 1810. Rez. Jen. ALZ. Nr. 69 (26. März) 1811, Sp. 546–549. Chiffre. R. M. P.     *43,36* Welche „Corayana" hier Bekker im Sinne habe, ließ sich ebensowenig feststellen wie jener „Ehrenmann" (Heindorf? vgl. S. 41,4), dem die fehlerhafte Wendung „millibus locis" entschlüpft war (vgl. S. 41,5).     *Anschrift* = 16.

**506 a.**     *44,8* In Bekkers Br. vom 8. März 1811 oder in früheren Briefen habe ich diesen Ausdruck nicht gefunden; doch vgl. S. 43,16.     *44,43* Gregorii Corinthii et aliorum grammaticorum libri De dialectis linguae graecae, quibus additur nunc primum editus Manuelis Moschopuli libellus de vocum passionibus. Recensuit et cum notis Gisb. Koenii, F. Jac. Bastii, J. Fr. Boissonadii suisque ed. Gdfr. Henr. Schäfer. Accedit F. Jac. Bastii commentatio palaeographica cum tabulis aeneis VII. Lipsiae 1811 sumptibus Io. Aug. Gottl. Weigel. S. 1071 f. (am Ende des Buches) findet sich folgende Ankündigung Weigels von Platonis Opera graece cum versione latina (Lipsiae 17. Febr. 1811):

> ... affluente nobis ex bibliothecis tanta criticorum subsidiorum copia, quanta paucis adhuc contigit veterum scriptorum editoribus, facile persuasimus ... L. F. Heindorfio et A. Boeckhio, ut curam ... susciperent criticae omnium Platonis librorum editionis. Editionis ... haec erit ratio, ut textus ad optimorum codicum ... fidem ... emendetur ..., textui subiciatur Latina versio ... denique singulis tomis critica ... adiungatur annotatio, saepe ... ad rerum quoque et sententiarum explicationem pertinens. Operi accedent volumina aliquot scholiorum ... et index ... Totum opus fere vol. XV. absolvetur ... polliceor me iis, qui nomen suum apud me *subscribendo* professi fuerint, singulos tomos singulis thaleris frondiferis s. Gallicis *(Laubthaler),* h. e. 1 Thal. 13 Gross. monetae Saxonicae, venditurum esse. Haec pecunia ... absoluto quoque tomo numerabitur. Primus tomus ... mercatu venali anni 1812 proditurus ...

Die Ausgabe ist aber nicht herausgekommen. – Laubtaler, so genannt wegen der belaubten Lorbeerzweige im Gepräge.     *45,34* Wolf wollte wohl ἀν-τωνυμ. schreiben.     *46,5* Vgl. S. 28,20.     *46,6* Notice d'un manuscrit de la Bibliothèque Impériale, contenant l' ouvrage de Dracon de Stratonicée sur les différents sortes de vers [Περὶ μέτρων] par M. Hase, Notices et Extraits des Manuscrits de la Bibl. Impér., Tome VIII (1810) P. II p. 33–77.     *46,12* Sainte-Croix, Sur le périple de Scylax. Mém. de l' Acad. des Inscr. T. XLII (mir nicht zugänglich). *46,21* Schwager, Bezeichnung des Postillons; Goethe DuW. 13 (W. A. 28,206) „eine Redensart, wie man ja in der neueren Zeit die Postillone auch Schwager nenne, ohne daß ein Familienband sie an uns knüpfe". – Unklar, um welche „beide Sachen" es sich handelt.

**24.**   *46,30* Vgl. zu S. 33,13. Im 2. Bd. der von Reimer verlegten Anecdota graeca Bekkers (1816) sind Apollonii Alexandrini de coniunctionibus libri, Dionysius Thrax u. anderes abgedruckt.   *47,5* Vgl. zu S. 32,12.   *47,6* Vgl. zu S. 32,32.   *Anschrift* = 16.

**510a.**   *47,28* S. S. 1811 hielt Wolf folgende Vorlesungen: Einleitung in die Geschichte der ältesten griech. Dichtkunst publ., Zuhörerzahl „allzu verschieden"; Philologische Enzyklopädie u. Methodologie priv. 46; Oden des Horaz priv. 13; Dialogen des Plato privatiss. 19.   *47,30* Vgl. zu S. 47,5.   *47,34* Vgl. zu S. 47,6.   *48,7* Plat. Menex p. 238 C ἡ γὰρ αὐτὴ πολιτεία καὶ τότε ἦν καὶ νῦν ἀριστοκρατία, ἐν ᾗ νῦν πολιτευόμεθα καὶ τὸν ἀεὶ χρόνον ἐξ ἐκείνου ὡς τὰ πολλά.   *48,9* Ich finde in der ganzen Schrift nur eine Stelle, wo καθεστός vorkommt, aber nicht πρῶτον γὰρ καθεστός, sondern p. 300 A 8 τρίτον καθεστὸς συμπαρήχθη. [Wolf bezieht sich mit den Worten πρῶτον γὰρ καθεστὸς nicht mehr auf den Menexenos, sondern auf den von Bekker herausgegebenen ‚neuen' Apollonios Dyskolos, p. 88 B (= Gramm. Gr. II 1,1 p. 69,14 Schneider). Vgl. S. 49,11. – R. K.]   *48,22* Vgl. zu S. 26,21.

**25.**   *49,6* Vgl. S. 45,66.   *49,12* Vgl. S. 46,10.   *49,16* Nichts von Apollonius ist bei Nauck erschienen, dagegen bei Reimer in Anecdota II (1816) Apollonii Alexandrini De coniunctionibus et adverbiis libri, weiter De constructione orationis libri quattuor ex recensione Imm. Bekkeri. Berol. 1817. *Anschrift* = 16.

**512a.**   *49,27* In wahrhaft herzlicher Weise, gleich ehrenvoll für den Lehrer wie für den Schüler, vertritt Wolf im Br. an Schuckmann vom 4. Juli 1811 (II 126f.) Bekkers Sache.   *50,10* Darüber Schleiermacher an G. von Brinckmann (Berlin, 4. Juli 1812):

Um den Tod unseres guten Spalding weißt du gewiß. Das Glück, den Tod recht kommen zu sehn, was wir uns so oft wünschten, um mit Besonnenheit zu schließen, ist ihm freilich nicht geworden; aber es ist der schönste schnelle Tod, der mir vorgekommen ist, recht in der Art des Daseins, in welcher sich sein Wesen am reinsten aussprach, in einer so heiteren Stimmung, als er den ganzen Winter nicht gehabt hatte und nur eben mit dem Sommer wieder zu finden anfing. (H. Meisner a. a. O. S. 147; vgl. zu S. 1,20).

*50,20* Emanuel Bekkerus heißt er als Herausgeber des Apollonius De pronomine (vgl. zu S. 8,37).   *50,34* Vgl. S. 45,46.

**512b.**   *51,21* Vielleicht Wolfs Akademie-Vorlesung vom 24. Januar 1811: Über ein Wort Friedrichs II. von deutscher Verskunst.   *51,25* Vgl. zu S. 42,31.

26. Zwei größere Stücke aus diesem Br. habe ich bereits veröffentlicht III 183 f.   52,4 Faust I 376.   52,14 Dem. VIII 24 λέξω δὲ μετὰ παρρησίας. IX 3 ἐάν τι τῶν ἀληθῶν μετὰ παρρησίας λέγω.   52,15 Ennius bei Cic. de sen. 10 unus homo nobis cunctando restituit rem. Verg. Aen. VI 846 unus qui nobis cunctando restituis rem.   52,27 Vgl. zu S. 39,34.

513 a.   53,2 Luckau, Kreisstadt im preuß. Regbez. Frankfurt.   53,9 loquentia, im tadelnden Sinne (was eloquentia im guten), ein gutes Mundwerk, Redefertigkeit, Zungenfertigkeit.   53,12 Der Kameralist ist der Jurist Schmalz. [Eher Schuckmann selbst. Reiter hatte die Worte „Der Kameralist ist der Jurist Schmalz" gestrichen, dann aber die Tilgung rückgängig gemacht. – R. K.] 53,14 Drüber zwei Briefe Gottfried Hermanns an Wilh. v. Humboldt (vgl. Max Lenz, Gesch. der Friedrich-Wilhelms-Univ. zu Berlin IV 118 ff.). Leipzig, 7. Juli 1810 dankt Hermann für den Antrag, nach Berlin zu gehen, bittet aber, den angebotenen Gehalt von 1500 Talern, wenn möglich, um zwei Drittteile zu erhöhen (wegen der großen Familie und des Haltens eines Reitpferdes). Der Antritt des Amtes zu Michaelis möchte ihm Schwierigkeiten machen. Am 21. Juli 1810 dankt er dem Staatsminister für die großen Beweise der Gewogenheit und ist bereit, zu Michaelis anzutreten, hofft auf gewöhnliche Erleichterungen zu Berlin, wie freien Transport der Bücher und Effekten, bittet schließlich um die Nachricht, wie viele Stunden er zu lesen hätte und über welche Gegenstände. 53,16 Der jüngere Raumer, Karl Georg v., 1811 Prof. der Mineralogie in Breslau, vermählt mit Friederike, Tochter des Komponisten Reichardt aus dessen zweiter Ehe mit Johanna, geb. Alberti. Der ältere Raumer, Friedrich Ludwig Georg v. ist der Geschichtschreiber.

27.   53,27 Wolfs Br. vom 21. Juni (512 a).   53,28 Im Menexenus ist die Rede von der Wahl eines Redners zu Ehren der im Krieg Gefallenen, wobei Sokrates die Rede, die er von Aspasia gehört haben will, zum besten gibt.   53,38 Der „gewiegte Schulmann und Schriftsteller" ist Heindorf.   54,1 Vgl. zu S. 50,20. 54,6 Delmar, Ferdinand Moriz Levi, Freiherr v., Sohn des Salomon Moses Levi in Berlin; über jenen schreibt Heine (Lutezia, erster Teil, IX gegen Schluß: „Ein ehemaliger preußischer Lieferant, welcher anspielend auf seinen hebräischen Namen Moses (Moses heißt nämlich auf deutsch ‚aus dem Wasser gezogen', auf italienisch ‚del mare') den dem letztern entsprechenden klangvolleren Namen eines Baron Delmar angenommen hat."   54,12 In jedem der 3 Bände der Brunckschen Ausgabe des Aristophanes (Argentorati 1781–83) schließt sich an den Text und die Notae die lat. Übersetzung mit dem Sondertitel: Aristophanis Comoediae in latinum sermonem conversae. Ebenso folgen in seiner Sophokles-Ausgabe (2 Bde 1786. 3 Bde 1789) dem Text die Übersetzungen gesondert.   54,17

Platonis opera, latine interprete Marsilio Ficino. Florentiae 1483 u. ö. – Platonis opera quae extant omnia. Ex nova Ioannis Serrani interpretatione perpetuis eiusdem notis illustrata ... Excudebat Henr. Stephanus 1578. – Platonis Atheniensis philosophi summi ac penitus divini, opera quae ad nos extant omnia, per Ianum Cornarium medicum, physicum, latina lingua conscripta... Basileae 1561. *54,31* Vgl. S. 51,16.   *54,33* „Die letzte Frage" bezieht sich auf die im letzten Absatz von Wolfs Br. vom 21. Juni 1811 ausgesprochenen vorwurfsvollen Worte. – figurieren = einen Lückenbüßer abgeben, eine Lücke ausfüllen.   *54,38* Joseph Gérard Barbou, Buchhändler und Buchdrucker in Paris, veröffentlichte 1755–1789 eine große Zahl lateinischer Autoren, die sogenannte Sammlung Barbou, die 67 Bände umfaßte. – M. Tullii Ciceronis Opera recensuit J. N. Lallemand. Parisiis 1763–68, 14 Bde. – Über die Tacitusausgabe von Brotier vgl. zu I 138,31. *54,40* Quintiliani De institutione oratoria libri duodecim. Ad codicum veterum fidem recensuit et annotationibus explanavit G. L. Spalding. Lipsiae 1798–1834. Voll. VI. In der Sammlung Barbou wurde Quintilian 1810 (2 Bde) von Auguste Delalain herausgegeben.

**513b.**   *55,7* praegustus: belegt nur gustus, praegustare, praegustator. *55,8* Vom 25. Juli ab hielt sich Wolf in Teplitz auf.   *55,15* Im Praemonitum p. 258f. (= KlSchr. I 417) findet Wolf folgende seinen Lieblingsschüler auszeichnenden Worte:

Ad intelligenda omnia, quod caput erat rei, unico usus est adiutore eodem grammatico ipso, cuius de syntaxi opus antehac tam assiduo triverat studio, ut probabilem eius editionem iam quinque abhinc annis conficere potuisset, nisi quod in ceteris quoque sequitur, maturescere sua mallet potius quam ipse cito aucupanda fama cum poenitentiae periculo inclarescere... Quocirca nunc etiam nihil aliud nisi quod maxime opus fuerat explicando libro allaboravit, satis habens eorum, quae solus vel in paucis possideret, fructum ceteris impertisse, quum facile ei fuisset continuo commentarium scribere, in quo res et verba copiose illustraret; cuiusmodi in litteris ab eo acceptis egregia specimina vidimus. Neque ipsi deerit opportunitas de variis quaestionibus huius grammaticae diligentius disputandi, quando ad nos reversus suisque libris assidens animum ad totum Appollonium edendum rettulerit. Quare nos quoque nihil anquirere et ne litteram quidem manui eius addere voluimus, quamvis et mihi et Buttmanno nonnunquam aliquid aut adiiciendum aut dubitandum occurrisset... Oculatissimum membranarum spectatorem novimus familiarem nostrum, nec nisi raro, etiam ubi in notulis parcus verborum est, quicquam ipsi latuisse arbitramur. Si tamen non omnia minima codicis vitia ascripsit, iure usus est suo tanquam primarii editoris, cui iis quae certam correctionem habent correctis, vel in summa religione, nonnihil post venturis relinquere licet.

*55,26* Vgl. zu S. 8,37.   *55,27* Apollonius spricht dort (p. 379 B u. C) über die dialektischen Formen von ὑμεῖς bei den Äoliern, Doriern, Böotern: Βοιωτοὶ μετὰ διφϑόγγου τοῦ ου· οὐμὲς δὲ κομισϑέντες Κόριννα ἔπτ᾽ ἐπὶ Θήβαις, wozu Bekker anmerkt: μετὰ διφϑόγγου τοῦ ου] Codex μεταφϑογγο του ο. – In den Addenda et corrigenda des Schaeferschen Gregorius (p. 898) findet sich folgende Bemerkung Basts: „Censor Jenensis editionis Sturzianae Maittairii legendum censet μετὰ διφθόγγου τοῦ ου. At sic non loquuntur grammatici, sed μετὰ τῆς ου διφθόγγου. Codex habet μετὰ φθόγγου τοῦ o, quomodo restituendum est" (vgl. zu S. 60,42).

**513c.**     *55,38* S. 471–476 der Apolloniusausgabe Bekkers ist der Index scriptorum ab Apollonio Dyscolo laudatorum abgedruckt, dazu folgende Anmerkung, unterschrieben W.[olf]: „Indicem hunc nec plenum neque omnibus rebus satis accuratum promittere possumus. Ab auctore editionis primum ad Parisini codicis foliorum numeros factus, deinde mutatis impressi libri numeris aptandus fuit; quae res passim molestior fuit quam merentur ii, qui ex indicibus sapiunt." Wolf hat offenbar die Bacchylidesstelle nachgetragen, ebenso die 3. Stelle von Rhintho; denn jetzt liest man Bacchylides 368.A.10; Rhintho (3 Stellen): 355.B.3; 356.C.7; 364.C.2. – unzählige Homerstellen S. 472–475.     *56,2* Vgl. zu I 242,15. Die Stelle nicht verständlich; Apollonius kommt natürlicherweise im Bekkerschen Indiculus nicht vor, also auch nicht an unpassender Stelle.     *56,11* Il. IV 43.     *56,12* Heyne, DWb. führt an: Brockes 1,231 bald jägt das heitre Licht die Schatten plötzlich fort.     *56,13* ἐς κόρακας, sehr gewöhnliche Verwünschungsformel.     *56,14* Der Scherz mit den Blattläusen vielleicht mit Bezug auf Schneiders Arbeiten auf dem Gebiete der Naturwissenschaften des Altertums. Die ganze Stelle übrigens reichlich unklar; 12.000 muß wohl verschrieben sein für 1200.     *56,18* Vgl. zu S. 50,20. Bekker noster erinnerte ihn offenbar an pater noster. Außer E[Im]manuel hatte er noch den Vornamen August, den er aber nicht gebrauchte. Den gleichen Vornamen führte Böckh. Nebenbei bemerkt erklärt hier Wolf den Namen Augustus aktivisch, während er richtig passivisch (gr. Σεβαστός) zu deuten ist, so daß also damit nicht der „Mehrer", sondern der „Gemehrte, Erhöhte, Erhobene" bezeichnet ist (Philol. Wochenschr. 1930, 1199).     *56,23* Aristoph. Wolken 374 übersetzt Wolf die Worte ὦ πάντα σὺ τολμῶν „du Alleszermalmer" und bemerkt hierzu: „ein Wort Moses Mendelssohns von dem Königsbergschen Weisen."     *56,32* Vgl. zu S. 54,40. Die Ausgabe wurde zunächst mit dem nach Spaldings Tode (7. Juni 1811) durch Buttmann herausgegebenen vierten Band abgeschlossen, von Karl Gottlob Zumpt durch einen neue kritische Hilfsmittel erschließenden fünften Band (1829) und von E. Bonnell durch ein Lexikon Quintilianeum als sechsten Band (1834) fortgeführt.     *56,40* Keiner der drei Genannten wird in Wolfs Praefamen (vgl. zu S. 37,11) mit Namen erwähnt. Wunderlichs Namen habe ich im Mus. antiq. stud. überhaupt nicht gefunden; dagegen heißt es in den Variae lectiones ad Apollonii librum de pronomine S. 409: „Hic codex numeratur inter Parisienses 2548: commemorarunt eum Bastius, Epist. crit. pag. 147 et Hasius, Recueil de mémoires sur différens Manuscrits Grecs p. 8.     *56,42* Mercure de France, Monatsschrift.     *56,46* Mit den „Gewölken" ist Wolfs Ausgabe der Wolken (vgl. III 260) gemeint.     *57,15* Erst 1821–25 erschienen bei Weigel die Werke Platons, herausgegeben von Gottfried Stallbaum.  *57,18* Vgl. zu S. 48,7.   *57,20* Vgl. zu S. 54,38.

**513 d.**   *57,29* Kündigung = Ankündigung der Redner-Edition Bekkers; vgl. S. 39,38.   *57,39* Der preuß. Gesandte ist Krusemarck (vgl. S. 55,3).   *57,41* Vgl. S. 48,22.

**28.**   *58,7* Es ist die Vorlesung Über ein Wort Friedrichs II. von deutscher Verskunst (vgl. zu S. 51,21).   *58,9* Wolfs Ankündigung des Plato vgl. zu S. 74,2. *58,13* Weigels Ankündigung der Platoausgabe im Intelligenzbl. der Hallischen ALZ. 3. Apr. 1811, I 741f. hat den gleichen Wortlaut wie die am Schluß des Gregorius Corinthius abgedruckte (vgl. zu S. 44,43).   *58,22* Sollten mit den „zwei Reden" (des Sokrates) die Apologie und der Menexenus gemeint sein? *58,28* Über Corays Unzugänglichkeit schreibt einige Jahre später (Paris, 4. Sept. 1818) Friedrich Gotthilf Osann an Wolf: „Coray lebt wie in einer Festung. Obwohl ich ihm gleich nach meiner Ankunft einen Brief von Eichstädt wie einen Parlamentär hineinschickte, so hält er sich doch wacker, und nachdem ich dreimal noch die Feste berannt hatte, zog ich unverrichteter Sache weiter."   *58,32* Vgl. zu II 66,23.   *58,33* Vgl. zu S. 32,33.   *58,34* Vgl. zu S. 29,1.   *58,44* Vgl. S. 32,37 u. 34,1.   *59,8* Ich finde nur: Platonis Phaedrus. Recensuit, Hermiae scholiis e cod. Monacensi XI. suisque commentariis illustravit Fr. Ast. Lipsiae 1810. Bekker scheint demnach sowohl über den von Ast herausgegebenen Dialog als auch über den Scholiasten hiezu nicht genau unterrichtet worden zu sein. Stallbaum hingegen edierte den Philebus mit den Scholien des Olympiodorus. Lipsiae 1820.   *59,14* Vgl. zu S. 3,1.   *59,39* Il. 9,312. Od. 14,156 ἐχϑρὸς γάρ μοι κεῖνος ὁμῶς Ἀΐδαο πύλῃσιν.   *59,42* Bellovac = Beauvais (vgl. zu S. 43,30). *59,49* scheinbar = einleuchtend, in die Augen fallend.   *60,8* Vgl. zu S. 53,16. *60,12* Vgl. S. 2,37.   *60,13* Auch in Meusels Gel. Teutschl. XVIII 414f., ebenso in Varnhagens Biogr. Porträts (Leipzig 1871) S. 1ff. wird diese Übersetzung Koreff zugeschrieben. Sie stammt aber von Friedrich Karl Mally, der sich auf dem Titelblatt nicht nennt: Plautus, Der prahlerische Krieger, aus dem Lateinischen metrisch übersetzt. Berlin 1805. – Die „schwarze Schürze" scheint ein Abzeichen der Anhänger der schwarzen Magie gewesen zu sein, zu der sich wohl schon der jugendliche Koreff bekannte. [Nach einer Notiz R. Sellheims, der sich auf Gustav Hertzberg, Gesch. d. Stadt Halle a. S., III 1893, S. 299.479 beruft, gab es bei Giebichenstein ein Wirtshaus ‚Schwarze Schürze' (nachmals ‚Weintraube'). – R. K.] In weitschweifiger Monographie (627 Seiten) ist Koreffs vielfach anfechtbare Persönlichkeit behandelt: David Ferdinand Koreff, Serapionsbruder, Magnetiseur, Geheimrat und Dichter ... von Friedrich v. Oppeln-Bronikowski. Berlin 1928.   *60,14* Über Gottlieb Hillers Gedichte und Selbstbiographie (1805) spricht Goethe W. A. 42², S. 24–31.   *60,20* Dazu teilt mir Josef Körner mit: „Das natürlich völlig unzutreffende Gerücht einer bevorstehenden Konversion Goethes dürfte aus Mißverstand einer der katholischen Kirche gewidmeten Stelle im II. Teil, 7. Buch von Dichtung und Wahrheit (W. A. 27,118–127) entstanden sein, wo die Bildlosigkeit der protestantischen Liturgie bemängelt und die Symbolik der katholischen Sakramente gepriesen wird. Die Stelle hat gleich beim Erscheinen Ärgernis erregt. F. Rochlitz an K. A. Böttiger (Goethes Gespräche² II 146f.):

> Was Sie über Goethes Leben II. sagen, stimmt fast gänzlich mit meinem Urteil zusammen – auch in Ansehung jener Stellen über den Katholizismus. Sie ist meiner Einsicht nach nicht einmal durchgehends wahr, und daß sie eben jetzt, eben von diesem Manne, ebenso dreist und überraschend ausgesprochen worden, muß von vielen und auf Schwache von sehr üblen Folgen sein. Goethen war, wie ich gewiß weiß, schon vor dem Druck manche Vorstellung über diese Stelle gemacht worden, er hat sie alle zurückgewiesen, weil, wer einmal mit einem solchen Buche auftrete, auch alle seine Ansichten und Überzeugungen ohne Rücksicht auf irgend etwas außer der Sache selbst heraussagen müsse – jenes sei aber wirklich seine Überzeugung.

Erwähnung verdient es, daß die Frage, ob Goethe denn wirklich katholisch sei, schon vor Jahren aufgeworfen wurde, als er unaufgefordert eine größere Gesellschaft von den römischen Kirchenfesten, Karwoche und Ostern, Fronleichnam und Peter Paul unterhielt.

> Diese Feste, berichtet der Dichter in seiner Campagne in Frankreich 1792 (W. A. 33,241f.), waren mir damals nach allen charakteristischen Einzelheiten vollkommen gegenwärtig, denn ich ging darauf aus, ein Römisches Jahr zu schreiben, den Verlauf geistlicher und weltlicher Öffentlichkeiten; daher ich denn auch sogleich, jene Feste nach einem reinen direkten Eindruck darzustellen im Stande, meinen katholischen frommen Zirkel mit meinen vorgeführten Bildern ebenso zufrieden sah als die Weltkinder mit dem Karneval. Ja einer von den Gegenwärtigen, mit den Gesamtverhältnissen nicht genau bekannt, hatte im Stillen gefragt, ob ich denn wirklich katholisch sei. Als die Fürstin [Adelheid Amalia von Gallitzin] mir dieses erzählte, eröffnete sie mir noch ein anderes; man hatte ihr nämlich vor meiner Ankunft geschrieben, sie solle sich vor mir in acht nehmen, ich wisse mich so fromm zu stellen, daß man mich für religios, ja für katholisch halten könne.

Aus dem gleichen Anlaß schreibt Fritz Jacobi an Goethe 7. April 1793 (Goethe. Viermonatsschr. der Goethe = Gesellsch. VI, 1941, S. 68):

> Wunderdinge haben wir von Dohm gehört, wie Du die Prinzessin erbaut hast, unter andern mit einer Erzählung von der Feier des Fronleichnamfestes in Rom, die so andächtig war, daß einige der Zuhörer leise fragten, ob dann **Goethe katholisch sei.**"

*60,29* Friedrich Schlegel schreibt an Wolf aus Paris, 14. Jan. 1803:

> Liebster Freund, Ihr Name wird hier selten ohne drei Kreuze ausgesprochen – man ist hier zwar auch der Philosophie der Deutschen keineswegs günstig; doch liebt man diese noch gegen die Kritik. Diese hassen die Franzosen fast so sehr, als die Blutigel das Salz. Es muß in der Rasse liegen, denn Visconti und Coray sind die einzigen, die ich wenigstens unbefangen fand, wenngleich immer noch unempfänglich genug. Leider gehört auch Villoison zu den ganz eingenommenen (ZföG. 1889, S. 97ff.)

*60,31* Vgl. zu S. 44,43.   *60,42* Vgl. Anecdota graeca e regia Parisiensi et e Veneta S. Marci bibliothecis deprompta edidit Johannes Baptista Caspar d'Ansse de Villoison. Venetiis 1781. Voll. II. Im 2. Bd. p. 103–118 Πορφυρίου περὶ προσῳδίας; dort heißt es p. 115... καὶ ἡ ἀπόστροφος δὲ σημεῖόν ἐστι τῆς τε ἡνωμένων διακρίσεως· τὸ γὰρ οὐχ᾽ οὕτως, ἔχον ἐπὶ τοῦ χ τὴν ἀπόστροφον, ἑνοῖ τὸ χ μ ε τ ὰ  τ ο ῦ  ο ὐ (vgl. zu S. 55,27).   *60,45* Über das geflügelte Wort: „Sobald das Geld im Kasten klingt, Die Seele aus dem Fegfeuer springt" Näheres bei Büchmann[28] (1937), 531.   *61,7* „Die Lust der Fremde ging uns aus, Zum Vater wollen wir nach Haus", Zitat aus Novalis, Hymnen an die Nacht 6: Sehnsucht nach dem Tode v. 11f.

**517a.**   *62,5* Dafür, daß ich lange leben werde, setze ich keine hohle, taube Nuß, dafür mache ich nicht den geringsten Einsatz.   *62,7* Schleiermacher hatte in seiner Übersetzung der Werke Platons (Berlin 1804 ff.) die Dialoge in drei Gruppen, vorbereitende oder elementarische, indirekt untersuchende und objektiv darstellende oder konstruktive eingeteilt. Wähend Schleiermacher seine Übertragung mit den Dialogen Phaedrus, Lysis, Protagoras, Laches eröffnet, bilden Anfang (und Ende) von Wolfs Delectus die Dialoge Euthyphro, Apologie und Crito.   *62,19* Vgl. zu S. 58,7.

**517b.**   *62,39* „oben", d. h. zu Beginn des Briefes, hatte Wolf die codices Veneti und Parisini zu Crito, Euthyphro, Apologie und Phaedon notiert, die ihm verglichen waren.   *62,45* Die Einnahme Halles durch die Franzosen im Oktober 1806, die Schließung der Universität und die sich daraus ergebenden Drangsale, der Umzug Wolfs nach Berlin hatten eine vollständige Störung seiner Arbeiten herbeigeführt, ihn überhaupt der gewohnten Tätigkeit entrissen, ja aus dem Gleichgewicht der Kräfte gebracht.

**29.**   *63,17* „Menda adhuc animadversa sic corrige, ut reponas", heißt es zum Schluß des Index scriptorum ab Apoll. Dysc. laudatorum S. 476; nur drei Fehler werden verbessert.   *63,28* Über die „guten" Bedingungen finde ich nichts in Wolfs vorliegenden Briefen. [S. *37,24*. – R. K.]   *63,32* Hier schwebt ihm vor Hor. Carm. III 25,7f. dicam insigne, recens, adhuc indictum ore alio. *63,37* Ἐκ τῶν Φρυνίχου τοῦ Ἀραβίου τῆς σοφιστικῆς προπαρασκευῆς in Bekkers Anecdota I (1814) 1–74. Dionysii Thracis Grammatica in Anecd. II (1816), vgl. zu S. 33,13. Den Dracon edierte Bekker nicht, dagegen erschien: Draconis Stratonicensis liber de metris. Ioannis Tzetzae Exegesis in Homeri Iliadem. Primum edidit et indices addidit Gdfr. Hermann. Lipsiae 1812. Weigel; vgl. zu S. 46,6.

**518b.**   *64,10* Die „Federprobe" ist Wolfs Schrift Zu Platons Phaedon (Berlin 1811).   *64,11* Der „Fischerulus in Breslau" ist Heindorf. Dieser wird hier mit dem auch von Bekker (vgl. S. 3,15) etwas abschätzig beurteilten Platoneditor Johann Friedrich Fischer auf gleiche Linie gestellt. In der eben erwähnten Schrift Zu Platons Phaedon scheinen die folgenden Worte (S. 3) eine Anzüglichkeit auf Heindorf zu enthalten:

> Warum sollte auch ohne äußeren Anlaß nicht jemand, dem die Wirksamkeit des Lehrers seit lange Lebens- und Lieblingsgeschäft war, selber einmal auf den Gedanken kommen, ἄγραφα seiner Vorträge in ἔγγραφα zu verwandeln? Vielleicht geschähe es dann einst weniger durch andere, die ohnehin kein Fug und Recht dazu haben; vielleicht ließen sich dadurch noch näher liegende Zwecke zum Vorteil der Wissenschaften erreichen.

*64,25* „Was heißt Ihnen die letzte homerische Arbeit?", fragen wir mit Bekker in dessen Br. vom 8. Dez. 1811 (S. 69,15).   *64,40* ἄνευ τρίβωνος, vgl. S. 52,2. *64,41* Die starke Form des Prät. gewöhnlicher in der älteren als in der jetzigen Sprache, wo „pflag" zuweilen in gehobener Rede begegnet; hier die starke Form mit leise ironischem Unterton gebraucht.   *65,4* Πλουτάρχου βίοι παράλληλοι, οἷς προσετέθησαν σημειώσεις καὶ τῶν αὐτοσχεδίων στοχασμῶν περὶ τῆς Ἑλληνικῆς παιδείας καὶ γλώσσης ἀκολουθία. Φιλοτίμῳ δαπάνῃ τῶν ἀδελφῶν Ζωσιμάδων. Ἐν Παρισίοις Αωθ' sqq. (1809–1815).   *65,6* Vgl. zu S. 42,43.

**30.**   *65,18* Hier eine knappe Selbstbiographie aus einem Schreiben des im vorliegenden Briefwechsel oft genannten Bast an Daniel Wyttenbach vom 26. Januar 1808 (D. Wyttenbachii Epistolarum selectarum fasciculus secundus editus a Guilielmo Leonardo Mahne. Gandavi 1829, S. 115):

> Je ne suis qu' un amateur de la Littérature Grecque. Né a Bouxvilles (dans la ci-devant Alsace) où mon père était Professeur, j' ai reçu une éducation très-solide. Je fis mes études à Jéna, sous la direction de M. Schütz; mais ayant perdu ma fortune par la révolution, je fus obligé d' abandonner presque le Grec, pour remplir une place convenable à mes besoins. Le hasard m' a fait entrer dans la carrière diplomatique. Le Prince qui m'y plaça, est le Grand-Duc actuel de Hesse-Darmstad. J' ai été à son service à Vienne, à Rastadt, et c' est aussi pour ses interêts que je réside depuis huit ans à Paris, en qualité de conseiller attaché à sa légation. Le séjour de Paris a reveillé mes anciennes études; ... j' espère qu' un jour je pourrai quitter la diplomatie et me livrer entièrement à mon occupation favorite, c' est-à-dire, au Grec.

*65,26* Nach der Vorrede (S. III–XXVI) der Wolfischen Wolkenausgabe heißt es S. 1: „Aristophanes' Wolken. Zum erstenmal gespielt unter Arkhon Isarkhos Olymp. LXXXIX,1 vor u. Z. 423." Mit der gleichen wunderlichen Schrulle, die Bekkern bei „Arkhon" erschreckt, spricht Wolf in der Vorrede (S. XXI) von Trokhäen und Tribrakhen, schreibt in der Anmerkung S. 39 Aiskhylos, S. 51 Khariten, S. 93 Kharakter, S. 95 Skholiast, läßt in der Übersetzung den Leser staunen über Formen wie Bakkhos (v. 597), Khairephon (v. 145.147.157.823), Khaos (v. 423.618), Khoros, Khöre, Khorführer und rechtfertigt seine Schreibart, mit der er ganz vereinzelt geblieben ist, in einer längeren Auslassung zu v. 63f. ἡ μὲν γὰρ ἵππον προσετίθει πρὸς τοὔνομα, Ξάνθιππον ἢ Χάριππον ἢ Καλλιππίδην: sie wählt', um ja von *Hippos* etwas drin zu sehn, *Xanthippos* oder *Kharippos* oder *Kallippides*.

Hier mag sich Ein für allemal unser Kh durch die Nachbarschaft rechtfertigen. Hat man Einmal in Kallippides u. dgl. das lateinische C mit Recht verbannt, wie konnte man dennoch Ch beibehalten? Und schrieb man längst für Θ Th, für Φ Ph, warum fällt man aus der Analogie bei X? Von alter Aussprache zu reden, gehört kaum hieher. Ganz läßt sie sich ohnehin durch keine Schreibung nachahmen bei diesen in Einen Kharakter verbundenen Hauchern. So kam Φ dem römischen F nahe, nicht aber unserem F. Man gibt daher größtenteils doch die alten Buchstaben, wenn man *Sappho, Phrase, Kharakter* schreibt; durch *Saffo, Frase, Charakter* weder Schreibung noch Aussprache. Und warum, wenn etwa *Karakter, Kor,* nicht auch *Teosophie* für *Theosophie*? Macht gegen unser Kh das Auge Einwendung, so muß es sich an *Aiskhylos, Khariten* u. dgl. gewöhnen, wie es sich schon an *Kritik* für *Critic* u. dgl. und an den *Tartar-Khan* gewöhnt hat. Das Ohr? Wird sich auch, und das hört ja Gründe. Übrigens spreche man hier das h so gut als gar nicht aus, wie auch in Th geschieht, und wie die Engländer *Aeschylus, Scholia* u. dgl. sprechen; und wie sie mit den Spaniern und übrigen Südländern aus σχολή *School* bildeten. So kömmt man sicher auch der wahren Aussprache näher als durch die westphälische Sprechart *Aes-chylus,* wie *S-chinken.*

*65,28* Von den Acharnern hat Wolf nur v. 1–324 übersetzt. Auf einem von seiner Hand geschriebenen im Berliner Literatur-Archiv aufbewahrten Blatte sagt er hierüber:

„Der Herausgeber hat weder Neigung noch Muße, die ganze Komödie, deren Eingang hier gegeben wird, auf ähnliche Art wie unlängst die Wolken für den Druck zu bearbeiten. Doch wem jener Versuch willkommen war, der wird auch dies Fragment nicht unfreundlich aufnehmen. Das Stück selbst gehört zu den wenigen des großen Meisters, die sich selbst ungriechischen Lesern darbieten lassen." Auf die selbstgestellte Frage: „wozu aber dieses Stückwerk?" antwortet Wolf: „Um für die übrige Lebenszeit, die zu lohnenderen Beschäftigungen auffodert, mit einer kleinen bereit liegenden Gabe Abschied zu nehmen von den deutschen Musen und Grazien" (S. VIII), und fügt der Übersetzung die folgenden gegen Heinrich Voß gerichteten Verse bei (S. 47):

„Nun steckt, wenn euch's gelüstet, die Nas' ins Griechische:
Sonst metscht es der Heidelberger Knab' euch treulich doll."

*65,35* Vgl. zu S. 28,37.   *65,36* Diese „auszügliche Notiz von dem Johannes Siceliota" hat Bekker nicht gegeben. Erst in den Rhetores graeci von Christian Walz (1832–36) findet sich Ἰωάννου τοῦ Σικελιώτου ἐξήγησις εἰς τὰς ἰδέας τοῦ Ἑρμογένους (Bd. VI 56ff.). Ruhnken emendierte Stellen aus Johannes Siceliota in den Animadversiones in Xenophontis Memorabilia und in der Disputatio de Longino (Dav. Ruhnkenii Orationes, Dissertationes et Epistolae ... ed. Frid. Traug. Friedemann. Brunswigae 1828. Vol. II 394.433).   *65,38* Vgl. zu S. 33,13. [Gemeint ist der dort unter Nr. 2 aufgeführte Ἀντιαττικιστής. – R.K.]

*Anschrift:* Herrn Geheimen Rath Fr. A. Wolf Behrenstraße No. 60.

**519a.**   *66,14* Vgl. zu S. 44,43.   *66,19* Bei den „paar hingeworfenen Blättern" denkt Wolf an sein eben erschienenes Schriftchen Zu Platons Phaedon. *66,25* Die Wiener Kollationen besorgte für Wolf Bartholomäus Kopitar (vgl.

Br. 519.526.536.537).   *66,31* Vgl. zu S. 8,37.   *66,35* Vgl. zu S. 65,26. *66,37* Vgl. zu S. 33,13.   *66,44* Es handelt sich um Phaed. p. 57 A, wo der Phliasier Echekrates sagt: οὔτε τῶν πολιτῶν Φλιασίων οὐδεὶς πάνυ τι ἐπιχωριάζει τὰ νῦν Ἀθήναζε οὔτε τις ξένος ἀφῖκται χρόνου συχνοῦ ἐκεῖθεν, wo Schäfer – dies der Leipziger operarius – in seiner Ausgabe des Gregorius Corinthius (vgl. zu S. 44,43) p. 1048 Φλιασίων getilgt wissen will: „Articulus iterandus", bemerkt er, „quando epitheton nomini subiicitur. Si philosophus sic scripsit, ante Φλιασίων repetendus est articulus, sed mihi probabilius fit hanc vocem ut profectam a manu glossatoris plane delendam esse. Phaedo non erat nunc primum docendus Echecratis cives esse Phliasios." Wogegen Wolf (Zu Platons Phaedon S. 5 = KlSchr. II 964): „Dem Leser wird sogleich ein Wink über die Scene, den Ort des Gespräches gegeben, durch den Beisatz Φλιασίων, wofür Platon sonst hätte sagen können τῶν ἐμῶν oder ἡμετέρων πολιτῶν." (Die Stelle übrigens ausführlich behandelt von Karl Lehrs, KlSchr. S. 272f.).   *67,7* Vgl. zu S. 65,6.   *67,9* Lit. Anal. II 437ff. (= KlSchr. I 542f.) bespricht Wolf neben andern griechischen Orthographica auch Οὑτοσί, οὑτωσί etc., nusquam οὑτοσίν, οὑτωσίν:

> Miraris, cur, quum postremis versuum syllabis, etiam in coemoedia, ν paragogicum addiderim, iisdem locis non scribam οὑτοσίν neque οὑτωσίν ap. Platonem. Assentiri videris viro docto, qui, quod ego olim timidius feci, multo audacius et crebrius faciendum censebat, apud Homerum adeo suadens ἐσσίν ad modum tertiae personae ... At narrant in codd. illud ν saepe huic verborum generi ascriptum reperiri. Immo mihi diligenter observanti contra repertum est... Sicubi illis vocibus additum est in mss. ν, peccatum est librariorum. Certus tantum numerus est syllabarum finalium, *et brevium quidem,* quae antiquo usu ἐφέλκυσιν admittunt; extra eum numerum nemini licet eam importare linguae.

*67,11* Plat. Crito 43 C οὐδὲν αὐτοὺς ἐπιλύεται ἡ ἡλικία τὸ μὴ οὐχὶ ἀγανακτεῖν (das Alter befreit sie nicht von dem Widerwillen) τῇ παρούσῃ τύχῃ.   *67,36* Il. 5.304.12,383 u. ö.

**31.**   *69,5* Vgl. S. 64,28. Wolf an Fr. Jacobs, April 1812 (II 147,16): „Was hat er (Thiersch) denn für Gründelein zu wollen, daß man wieder τεκμαίρῃ in den Attikern schreiben soll? Davon zeigt sich ja diplomatisch das Gegenteil, *ει* nämlich allenthalben: quo quis antiquior est codex, eo saepius η abest."   *69,6* Vgl. S. 41,5.   *69,7* Vgl. S. 64,38.   *69,9* Vgl. S. 64,34.   *69,16* Folgende Zeitung gemeint: Hallescher Kurier im Gespräch mit einem Bauern von den neusten Zeitgeschichten und Welthändeln. Erschien einmal wöchentlich 1794–1808 (nach freundl. Mitteilung von Dr. Bernhard Weissenborn).   *69,21* Narrenteiding = Narrentag, Narrensposssen, Narrheit; Eph. 5,4 schandbare Wort und Narrenteiding (αἰσχρότης καὶ μωρολογία: turpitudo aut stultiloquium). Faust II 5798 Laß ihn die Narrentheidung treiben.

*Anschrift:* A Monsieur F. A. Wolf, Membre des académies Royales de Berlin et de Munich à Berlin Behrenstraße No. 60.

**32.** 69,32 Vgl. S. 67,32. 69,37 Vgl. S. 44,31. 70,1 Vgl. S. 68,39. 70,5 Vgl. S. 68,17. 70,7 Bekker war 1806 von Wolf zum Inspektor des philologischen Seminars gewählt worden. 70,8 Er meint die Übersetzung des Plato ins Lateinische. Plat. Gorg. 514 E τὸ λεγόμενον δὴ τοῦτο ἐν τῷ πίθῳ τὴν κεραμείαν ἐπιχειρεῖν μανθάνειν. Lach. 187 A τὸ λεγόμενον κατὰ τὴν παροιμίαν ... ἐν πίθῳ ἡ κεραμεία γιγνομένη, wozu der Scholiast: παροιμία ἐπὶ τῶν τὰς πρώτας μαθήσεις ὑπερβαινόντων, ἁπτομένων δὲ τῶν μειζόνων καὶ ... τελειοτέρων. Das Sprichwort lautet: mit dem Großen anfangen statt mit dem Kleinen. 70,18 Vgl. S. 27,30. 70,26 Vgl. S. 65,4 u. 66,38. 70,32 Es steht aber Emanuel Bekkerus. – KlSchr. I 418 Tantum nunc quidem nobis et de editore, cuius studiorum in Graecis Latinisque litteris positorum plures per annos testis fui, et de munere eius, si non in vulgus, certe eruditis gratissimo, praefari debui. 70,36 Bekkers Angaben beziehen sich ohne Zweifel auf einen Sonderabdruck [Vgl. zu S. 148,11. – R. K.], und zwar entsprechen 75 C 4, 105 C 3, 64 A 6 folgenden Seitenzahlen im Mus. antiqu. stud.: p. 335 C 4, 365 C 3, 324 A 6. Dies der Wortlaut der drei Stellen: Οὐ κατὰ πρόσθεσιν ἡ ὁδὶ προσλαβοῦσα τὸ ν ἐγίνετο ὁδίν, καθάπερ καὶ ἡ οὑτοσὶν καὶ ἡ ἐκεινοσὶν παρ' Ἀττικοῖς. πρῶτον γὰρ ἂν καὶ τὸν τόνον ἐφύλασσεν ὀξύν, καθάπερ καὶ τὸ οὑτοσί ... – προσειληφυῖά τε τὸ ν (scil. τείν u. τίν) ὁμοίως τῷ ἐκεινοσίν, οὑτοσίν. – Οὐ φύσει φασὶ τὴν ἀντωνυμίαν λήγειν εἰς ν, πλεονάζειν δέ, ἐπεὶ ἡ κατὰ τὸ δεύτερον δίχα τοῦ ν, τύ. πᾶσα γὰρ ἀντωνυμία εἰς ν λήγουσα κατὰ τὸ πρῶτον, πάντως καὶ κατὰ τὸ δεύτερον, ἐμέθεν σέθεν, ἐμίν τίν, ἡμῶν καὶ ὑμῶν. πρῶτον διάλληλα τὰ τῆς ἐπιχειρήσεως. τί γὰρ οὐ μᾶλλον ἡ τύ ὠλιγώρηται, ὅτι εἰς ν οὐ λήγει, ἢ ἡ ἐγών, ὅτι εἰσ ν λήγει; δεύτερον μακροκατάληκτοι λέξεις οὐ πλεονάζουσι τῷ ν ἀδιαφόρως· τὸ γὰρ τοιοῦτον ἐν τῷ ἔλεγεν καὶ λέγουσιν, ἅπερ ἐν βραχυκαταλήκτοις ... 70,44 Das Programm ist die Schrift Zu Platons Phaedon. 70,48 Den Titel „Pollio" gab Voß der von ihm übersetzten 4. Ekloge Virgils (vgl. zu I 157,3) nach v. 11 teque adeo decus hoc aevi te consule inibit. 71,3 Vgl. S. 68,1. 71,13 Die Anecdota erschienen nicht bei Nauck, sondern bei Reimer. 71,16 Vgl. S. 67,3. 71,26 Über Marwitz vgl. zu S. 16,31. Über Przystanowski konnte ich nur folgendes finden: 1809 ging er mit Karl Georg v. Raumer nach Iferten zu Pestalozzi (Goedeke, Grundriß² VI 271). Aus Rom, 17. Nov. 1817 schreibt Bekker an Schleiermacher: „Eine Freude habe ich gehabt, Przystanowski hier wiederzufinden. Nun ist aber auch schon der wieder weit, zurückkehrend nach Deutschland. Er wünschte eine Stelle in Bonn: Könnte ich ihm dazu helfen!" (Mitteilungen aus dem Literaturarchive in Berlin. N. F. 11. Briefw. Schleiermachers mit Böckh und Bekker. Berlin 1916, S. 76.). Schließlich erwähnt ihn Varnhagen in seinen Tagebüchern XII 236 (5. Sept. 1855): „Aus jener Zeit fällt mir in diesen Tagen manches ein. Unter andern die merkwürdige Torheit, in welche die besten Schüler Schleiermachers, Harscher, Adolf Müller, Przystanowsky, Alexander von der Marwitz, verfallen und vernebelt waren."

**33.** *72,21* Wohl Reminiszenz an Il. 9,592 (κήδε' ὅσ' ἀνϑρώποισι πέλει,) τῶν ἄστυ ἀλώῃ
*Anschrift:* A Monsieur Monsieur F. A. Wolf Membre de l' Académie Royale de Prusse à Berlin Behrenstraße 60.

**524a.** *72,37* „verlegne", durch Liegen unscheinbar oder unbrauchbar geworden (vgl. zu S. 2,34).   *73,2* Vgl. S. 69,36.   *73,4* Vgl. S. 71,6   *73,8* Francesco Furia oder Francesco Fontani (KlSchr. I 419).   *73,13* Scholia in Platonem. Ex codicibus mss. multarum bibliothecarum primum collegit David Ruhnkenius. Lugd. Batav. 1800.   *73,15* Vgl. zu I 361,3.   *73,18* Ludwig I. Karl August.   *73,19* Il. 4,43.   *73,25* Vgl. S. 70,32.   *73,27* Vgl. S. 69,14.   *73,30* Diese wohl in der Neuen Leipziger LZ abgedruckte Rez. aufzufinden, ist mir nicht geglückt.   *73,39* Auf einem losen Blatt in Wolfs Nachlaß findet sich folgende eigenhändige Niederschrift über die Verdeutschung der Wolken:

> Der Verfasser dieser Übersetzung hätte noch vor wenigen Jahren nicht geglaubt, jemals auf ein Plätzchen unter den Übersetzern der Alten Anspruch machen zu dürfen. So weit entfernten ihn seine Beschäftigungen und Neigungen von diesem Gedanken. Aber wohin läßt man sich nicht von Stürmen verschlagen? Es kam neulich eine Zeit, wo man seinen wissenschaftlichen Sitz zerstört, sich von gewohnten Büchersammlungen getrennt und von feindseligen Dämonen alles Edlen und Schönen, die die Zerrüttung gleich Infekten hervorbrachte, umringt sah. Damals wurde eine Arbeit gesucht, die sich mit einem oder ein paar Büchern vollenden ließ und nichts weiter erforderte, als daß man dem Papier anvertraute, was lange vorher beim Lesen der Alten im stillen Gemüt vorgegangen war. Kurz, der Verfasser fing an zu übersetzen, ohne es darauf anzulegen. Die Sache ging rasch vonstatten, und wenige Monate waren hinreichend, etliche Lustspiele des Aristophanes, der am nächsten zur Hand war und noch unübersetzt schien, zu verdeutschen.

*73,,40* Er denkt hier vor allem an seinen „einzigen trefflichen Vorgänger Wieland" und an Goethe, wie er dies in der Einleitung zu seinen Acharnern hervorhebt (S. VIII): „Eine der süßesten Belohnungen ist es dem Übersetzer, wenn er so hier wie früher in den Wolken seine Muße zu dieses bei allem Urteil allein der Kunst gedenkenden Veterans, zu Goethes und ähnlicher Richter Zufriedenheit verwendet hat; umsomehr, da eben solche Männer es waren, unter deren begünstigenden Augen sein erster Versuch entstanden und herausgegeben wurde."   *73,49* Pindari opera quae supersunt. Textum in genuina metra restituit et ex fide librorum manuscriptorum doctorumque coniecturis recensuit, annotationem criticam, scholia integra, interpretationem latinam, commentarium perpetuum et indices adiecit Augustus Boeckhius, in Universitate litterarum regia Berolinensi eloq. et poes. prof. publ. ord. Lipsiae apud Ioann. August. Gottlob Weigel 1811. II Tomi in IV Partt.   *74,2* Dies die Ankündigung, wie sie von Naucks Buchhandlung – diese allein ist auf dem von Wolf verfaßten Text des Druckes unterschrieben – versendet wurde. (Das hier beim Titel der Ausgabe Eingeklammerte hat Wolf erst später in der Vorrede zum Platonis Dialogorum

Delectus bei Anführung des Titels der künftigen Platoausgabe eingefügt: „insertis, quae nuper nondum promittere audebamus".):

Platonis opera omnia, Graece et Latine, excerpta ex plurimis codd. mss. varietate lectionis, subiunctis [scholiis veteribus et] H. Stephani integris, posteriorum nonnullorum selectis, F. A. Wolfii, I. Bekkeri atque aliorum continuis annotationibus, [tum Procli et ceterorum antehac ineditorum commentariis,] volumine singulari isagoges litterariae rerumque et verborum indicibus instructa. VIII Voll. in 4. min. XVI Voll. in 8.

Durch mehrere gehaltvolle Aufforderungen, die uns vorzüglich zu einem mit so großem Aufwand in der jetzigen Zeit verbundenen Verlag bestimmt haben, sehen wir uns veranlaßt, von der obigen kritischen Ausgabe der sämtlichen Schriften des Plato dem Publikum hiemit eine vorläufige Anzeige zu machen.

Zwar ist jene schon vor einem beträchtlichen Zeitraume unternommen und selbst nach ihrer gegenwärtigen Einrichtung seit 1807 bereits nicht wenigen hier und da bekannt geworden; allein das Unternehmen wurde seitdem noch durch manche Orts- und Zeit-Veränderungen verzögert, während zu den ehmals in auswärtigen Bibliotheken verglichenen Handschriften verschiedene ähnliche Beiträge aus endlich unzugangbar gewordenen Gegenden erwartet wurden; und so schien die Ausführung des großen Plans einer noch spätern Zeit vorbehalten zu sein. Daher hielten wir bisher mit jeder Art von Ankündigung desselben absichtlich zurück, bei der wir gewisser Umstände halber, die der gewünschten Vollendung in den Weg treten konnten, leicht wortlos zu werden besorgen mußten. Nunmehr aber, nachdem durch ein neuerliches Zusammentreffen günstiger Zufälle der früher angelegte und allmählich erweiterte kritische Apparat über alles Erwarten zu seiner Vollständigkeit gediehen, auch der Druck des ersten Bandes angefangen ist, finden wir weiter kein Hindernis, die nahe Erscheinung des Werkes öffentlich anzukündigen.

Von der das Ganze und einzelne betreffenden Einrichtung dieser Ausgabe behält sich der berühmte Herausgeber, Herr Geh. Rat Wolf vor, zu seiner Zeit umständliche Nachricht zu erteilen und zugleich diejenigen Gelehrten namhaft zu machen, die, wie der verstorbene Alter zu Wien, Herr Boissonade zu Paris und andere, sowohl handschriftliche als anderweitige Beiträge zu der Bearbeitung geliefert haben. Uns ist indessen folgendes gegenwärtig im allgemeinen anzuzeigen erlaubt.

Den griechischen Text, der in vielen Dialogen nach mehr als einem Dutzend wichtiger Handschriften berichtigt erscheint, begleitet teils die lateinische Übersetzung, deren zweckmäßige Beschaffenheit Hr. Wolf als einen Hauptteil seiner Besorgung ansieht, teils die Sammlung aller bedeutendern Lesarten nebst den Anmerkungen. Daß die Stephanischen sämtlich mit aufgenommen werden, soll dazu dienen, diese so kostbare Ausgabe durchaus entbehrlich zu machen, was sie seither nicht war. Sonst sind von literärischer wie typographischer Seite unserer ganzen Ausführung diejenigen Grenzen gesetzt worden, die, ebensoweit von breitem Überfluß als dürftiger Sparsamkeit entfernt, jede neue weitere Aufklärung über den Plato eher anregen als ausschließen können und dabei die ununterbrochene Folge der einzelnen Bände sichern sollen. Hiezu haben wir überhaupt alle nötigen Maßregeln und Anstalten zu treffen uns angelegen sein lassen. Insofern ist es uns besonders erwünscht, auf den Fall, daß der erste Herausgeber durch menschlichen Zufall von dem Werke vor dessen Beendigung abgezogen werden sollte, als einen ihm selbst willkommenen und ausgezeichnet würdigen Mitherausgeber den sich itzt in Paris aufhaltenden Herrn Prof. Bekker nennen zu dürfen. Hiernach läßt es sich mit großem Recht hoffen, daß der bisherige längere Aufschub dem beabsichtigten raschen Fortgange der Ausgabe aufs beste zu statten kommen werde. Berlin, den 8. Febr. 1812.

*74,14* In Potsdam trat Marwitz (vgl. zu S. 16,31) bei der dortigen Regierung als Hilfsarbeiter ein und blieb dort vom Sommer 1811 bis zum Schluß des Jahres 1812. Über Przystanowski vgl. zu S. 71,26.    *74,25* weiland = vormals, vor Zeiten.   *74,28* Plat. Crit. 46 C πῶς οὖν ἄν μετριώτατα σκοποίμεϑα αὐτά; εἰ πρῶτον μὲν τοῦτον τὸν λόγον ἀναλάβοιμεν.   *74,33* Vgl. zu S. 74,2.   *74,37* Vgl. S. 71,7. *74,40* Darüber findet sich nichts in der Ankündigung. Möglicherweise wurde der „seltsame Zusatz" späterhin von Wolf gestrichen.   *75,12* Vgl. Nr. 32.   *75,14* Vgl. S. 71,7 u. 19.   *75,25* Es handelt sich um Plat. Phaed. 60 D εἰ οὖν τί σοι μέλει τοῦ ἔχειν ἐμὲ Εὐήνῳ ἀποκρίνασϑαι, ὅταν με αὖϑις ἐρωτᾷ ... εἰπέ, τί χρὴ λέγειν. Hiezu bemerkt Wolf (Zu Platons Phaedon 24 = KlSchr. II 981 f.): „Ob ἀποκρίνασϑαι für ἀποκρίνεσϑαι Lesart oder Schreibfehler ist, muß man nun schon selbst versuchen, neben dem Begriffe der Tempora durch die Beobachtung zu bestimmen, ob irgendwo ἔχω λέξαι gesagt wird oder λέγειν ... Aus Mss. ist jetzt erst über so etwas und vieles andere keine Einsicht zu holen."   *75,33* Tom. I–II. der Rhetores graeci erschien Venetiis in aedib. Aldi 1508–9. Über die außerordentliche Seltenheit des 2. Bandes vgl. zu I 91,37. – La Sympose de Platon, traduite par L. le Roy. Paris 1559. Über dessen sonstige „Platonische Sachen" vgl. zu I 94,15.

**526 a.**   *76,3* Vgl. S. 72,21 ἦν ἄστυ ἁλώῃ.   *76,8* Vgl. S. 56,26.   *76,12* Sollten mit der „größeren Ankündigung" die auch dem Platonis Dialogorum Delectus vorgedruckten Platonicorum operum novae editiones conditiones librariae gemeint sein, die folgende Unterschriften tragen: Frid. Aug. Wolfius, suo nomine et Immanuelis Bekkeri et G. C. Nauckii librarii?

**34.**   *76,24* Vgl. S. 69,32.   *76,26* Vgl. S. 73,26.   *76,31* In der Praefatio der Pindarausgabe (vgl. zu S. 73,49) p. XXX sq. erwähnt Böckh „doctissimum censorem Wolfiani Homeri in Act. litt. Jen. 1809 num. 243 sqq. (vgl. Br. 479) und fährt fort:

Constanter prope augmenta adsciscunt verba, abiecta per apostrophum praecedentis vocis brevi vocali, ut δένδρε᾿ ἔϑαλλεν ... veteres poetas neque augmenta praecidisse neque ultimam praecedentis verbi vocalem in scribendo abiecisse, sed ... in recitatione ... et cantu elisisse vocalium alterutram, apostrophum autem ... grammaticis deberi ... Quo concesso concidunt ex parte ea, quae contra apostrophi admissionem post vocalem in Homericis carminibus dixit acutus censor l.l.p. 131.

*77,2* Die Anecdota I beginnen nicht mit Drakon von Stratonikeia, den übrigens G. Hermann edierte (vgl. zu S. 63,37), sondern mit den Lexica Sangermanensia (vgl. zu S. 33,13).   *77,4* Pauli Silentiarii Ambo. Ex codicibus Palatinae Anthologiae descripsit Imm. Bekker. Berolini 1815. – Pauli Silentiarii Descriptio Sanctae Sophiae s. Magnae Ecclesiae, quae nunc prodit graece latine, cum uberiori commentario, opera et studio Caroli du Fresne Dni du Cange. Cum Cinnami Historia. Paris 1670; darauf Venedig 1720. Diese Descriptio templi Sanctae Sophiae edierte Bekker im Bonner C. script. hist. Byz. 1837.   *77,9* Vgl. zu S. 75,33.

*77,11* Der Buchhändler und Bibliograph Renouard veröffentlichte Annales de l' Imprimerie des Alde. Paris 1803–12, 2 Bde.   *Anschrift* = 31.

**35.**   *77,22* Vgl. S. 70,8.   *77,31* Hase ist aber in Sulza geboren, einer Stadt im sachsen-weimar. Verwaltungsbezirk Weimar II, Alsfeld ist eine Kreisstadt in Oberhessen.   *77,35* Vgl. zu S. 73,49.   *77,36* Leonis Diaconi Caloensis Historia scriptoresque alii ad res Byzantinas pertinentes, quorum catalogum proximum folium indicabit. E Bibl. Regia nunc primum in lucem edidit, versione latina et notis illustravit Carolus Benedictus Hase. Paris 1819. Über die Ausgabe De magistratibus pop. R. vgl. zu S. 42,30. Erst 1823 erschien: Ioannis Laurenti Lydi De ostentis quae supersunt una cum fragmento libri De mensibus eiusdem Lydi fragmentoque Manlii Boethii de diis et praesensionibus. Ex codd. regiis edidit graecaque supplevit et latine vertit C. B. Hase.   *77,38* Dieser Katalog der vatikanischen Hss. ist, soweit ich sehe, niemals herausgekommen.   *78,8* Doktor Gall ist wohl der bekannte Phrenologe, der seit 1807 in Paris lebte, wo er so gut aufgenommen wurde, daß er sich dort naturalisieren ließ. Welche Bewandtnis es mit der „eigenen Kasse für den Erwerb" habe, ist mir nicht klar geworden. *78,22* Vgl. zu S. 59,8.   *78,24* Der erste Alcibiades Platons wird heute fast allgemein für unecht gehalten.

**528a.**   *78,35* Vgl. S. 44,43.   *79,4* Dies vielleicht mit Rücksicht auf Bekkers Worte (S. 69,17–22) gesagt.   *79,5* Die Rez. erschien in den Heidelb. Jahrb. d. Lit. 1812, Nr. 11–13 (vgl. zu II 142,27). Über die „Voßische sogenannte Rezension, d. i. Gift und Galle über die Wolken", spricht Wolf auch in einem Br. an Fr. Jacobs vom 7. März 1812, wo die gleiche Wendung wie hier „wo er lobt, knirscht er ja" (II 142,32) begegnet. Auf einem losen Blatt in Wolfs Nachlaß auf der PrStBibl. finde ich folgende an Voß d. j. gerichtete Auslassung, die vielleicht ursprünglich als Erwiderung auf dessen Rezension gedacht war. Wolf spricht von ihm als dem

mitleidswürdigen Knaben, der neulich öffentlich sich auf die Wolken setzte, um alle die Stellen, die einigen der ersten Richter als die hellsten erschienen, mit seiner Selb- und Gelbsucht zu beschmeißen. Wäre nicht seine Absicht auch dem Blinden klar, so müßte man glauben, er hätte, an seine Holzschuhe allein gewöhnt, einen Anfall von bösem Wesen bekommen, da er an eine Komödie gerieth, die Einmal nicht wie eine Tragödie aussah, und wo es mitunter auf Eiertänze angelegt war, bei denen die Holzschuhe halsbrechend sind. Meint er denn, es wäre so leicht, so viele Fußschellen der alten Metrik, die man ja wol eher kannte, anzulegen, und doch nicht zu machen, daß das Rasseln die Leute aus der Komödie fortjagt, und Senecas für ganz andre Dinge bestimmter Nullus sitzen bleibt? [*Die von Reiter als ‚unklar' bezeichnete Anspielung geht wohl auf epist. 7,27. – R. K.*]. Meint ers, nun so übe [er] die einzig würdige, sichere und rechtliche Rache an dem unzünftigen Liebhaber oder er laße sie üben, diese einzige, das Spiel eines kranken Liebhabers durch ein gesundes auf der Stelle vergeßen zu machen.

Auf einem anderen Blatt findet sich folgende Niederschrift Wolfs:

Einige Leser der Aristophanischen Wolken und Acharner sollen eine Antikritik des Uebersetzers gegen eine Recension derselben in den Heidelberger Jahrbüchern erwartet haben. Aber so viel linkisches und verkehrtes Zeug, so viele Beweise von Unwißenheit in seiner ganzen Blöße darzustellen, müste ein Buch werden. Denn bisher ließ sich bei aller Bemühung des Suchens gar nichts gesundes finden, obgleich der Recensent mit vieler Sorgfalt und gar nicht aufs Gerathewohl (Geradewohl schreibt er, wie die Knaben, als Gegensatz von Krummübel) seine Galle ausgeleert zu haben schien. Indeß es giebt eine bequemere Art von Antikritik. Seine Verbeßerungen und seine sämmtlichen Urt.[eile] sollen der zweiten Auflage jener Uebersetzungen als Anhang beigefügt werden, damit sie möglichst vielen in die Hände kommen. Der Uebersetzer.

*79,11* Vgl. zu II 146,11.   *79,12* Vgl. S. 77,25.

**529 b.**   *79,27* Vgl. S. 73,8.   *79,32* Vgl. zu II 146,11.   *79,35* Vgl. S. 77,32. *77,42* Fichte hatte sein Rektorat im Oktober 1811 angetreten.   *80,3* Vgl. Br. 531 u. Anmerkung hiezu.   *80,7* Ruhnkens Scholia in Platonem (vgl. zu S. 73,13) sind vermehrt in Immanuelis Bekkeri In Platonem a se editum commentaria critica. Accedunt scholia. Berolini 1823. II Tomi.   *80,10* Vgl. zu S. 59,8. *80,11* Es ist der Katalog von Hardt (vgl. zu I 361,3).   *80,12* Vgl. zu S. 27,38.

**536 a.**   *80,25* Die Fragmente des Sallust (42 S. in 4°) sind postum erschienen und wurden (nicht immer) dem 3. Bande des Werkes von de Brosses beigegeben: Histoire de la République romaine dans le cours du VII. siècle par Salluste, en partie traduite du latin sur l' original, en partie rétablie et composée sur les fragments qui sont restés de ses livres perdus. Dijon 1773, 3 Bde; deutsch von Schlüter 1799. Darüber im Dictionnaire Universel d' Histoire et de Géographie... par M. N. Bouillet (Paris 1855) S. 469: „Dans cet ouvrage il se proposa de suppléer à la grande histoire de Salluste que nous avons perdue, et pour cela il traduisit tous les morceaux qui nous restent de cet auteur, jusqu' aux plus petits fragments, et les enchâssa dans son travail." Überdies finde ich: Historiarum fragmenta prout Car. Brossaeus ea collegit, disposuit scholiisque illustravit ... Luxaeburgi 1828 (kein Herausgeber genannt).   *80,29* Q. Horatii Flacci Opera ad fidem LXXVI codicum. Accedunt I. Synopsis chronologica ... II. Tractatulus de metris Horatianis. III. Variae LXXVI codicum lectiones. IV. Phrasium subdifficilium enucleatio. V. Lexicon ... VI. Dictionarium ... Curante Jos. Valart. Parisiis 1770. – Remarques inédits du président Bouhier, de Breitinger et du père Oudin sur quelques passages d' Horace, avec une lettre sur l' Art poétique d' Horace et sur la sat. IV livre II, publiées par G. Prunelle. Paris 1807.   *80,32* Jean Baptiste Joseph René Dureau de La Malle übersetzte Sen. de benef., Tac., Sall.; auch hatte er eine Übersetzung des Liv. unternommen, doch starb er zuvor (1807); dessen Sohn der Philolog und Archäolog Adolphe Jules César Auguste.   *80,33* Charles, Sohn des Rechtsgelehrten Henri de Valois (Valesius, 1603-1676) veröffentlichte unter dem Titel Valesiana eine Sammlung der historischen und kritischen Bemerkungen seines Vaters. *80,40* Ennio Quirino Visconti, Iconographie ancienne, ou recueil des portraits authentiques des empereurs, rois et hommes illustres de l' antiquité. Iconographie grecque. Paris 1808, 2 Bde. *80,43* Des Proklos Platonkommentare wurden erst mehrere Jahre später ediert: Procli, philosophi Platonici, opera e codicibus mss. bibliothecae Regiae Paris. tum primum edidit, lectionis varietate, versione latina et commentariis illustravit Victor Cousin. Paris 1820-27. VI Voll. *81,3* Pierre Charles Lévesque schrieb: Mémoire sur Homère in Mém. de l' Instit. Nat. des Sc. et Arts Sc. Mor. et Polit. T. II 22 sqq. (mir nicht zugänglich). *81,6* Catalogue des manuscrits laissés par feu M. F. J. Bast. Paris 1812. *81,9* Möglicherweise Wolfs Äußerung über H. Voßens Wolken-Kritik.

**36.** *81,17* Vgl. S. 79,20. *81,37* Vgl. zu S. 27,38. *81,38* Le Moniteur universel, Pariser Tageszeitung.

**37.** *82,8* Il. 16,60 u. ö. *82,15* Vgl. zu S. 65,4. *82,16* Vgl. zu II 21,5. *82,18* Vgl. zu S. 57,41. *Anschrift* = 31.

**538a.** *82,27* Hugues Bernard Maret wurde 1811 zum Senator (so wohl die Abkürzung S. aufzulösen), zum Herzog von Bassano u. zum Minister des Auswärtigen ernannt. *82,34* Vgl. zu I 36,5. *83,5* Wolf hielt sich im September bei seinem Schwiegersohn Wilhelm Körte in Halberstadt auf (vgl. Br. 539 u. 540). *83,8* Am 15. Sept. 1812 ersuchte Bekker den Buchhändler Nauck, in seiner oder in Wolfs Nähe ihm eine Wohnung mieten zu lassen: „möbliert, aber so klein, als der Anstand nur immer erlaubt." *83,11* Das Haus in der Brüderstraße 3, das Wolf 1796 gekauft hatte (zu I 206,3) verursachte ihm, seitdem er nach Berlin übergesiedelt war, großen Ärger (II 172,11); einen „Steinhaufen" nennt er es einmal in gereizter Mißstimmung, das „schandbare" Hallische Haus (II 196,39.34). *83,17* In der Hallischen ALZ. 1812, Sp. 301f. steht folgende Ankündigung, Platonis Opera ed. Heindorf et Böckh betreffend:

> Man hatte zwar die Erscheinung des ersten Bandes dieser früherhin von mir angekündigten Ausgabe zur Ostermesse 1812 festgesetzt, allein die Ortsveränderungen der Herren Herausgeber sowohl als das spätere Eintreffen wichtiger Materialien sind Ursache, daß ich wegen der Erscheinung um einigen Aufschub ersuchen muß, zumal da das Werk wesentlich dabei gewinnen wird, indem außer den schon genannten Herausgebern auch die Herren Buttmann und Schleiermacher teilnehmen und von mir noch neue wichtige Hilfsmittel, deren Erlangung man vorher noch nicht hatte hoffen können, geliefert werden.... Leipzig, den 18. April 1812. J. A. G. Weigel.

*83,26* Vgl. S. 60,29. *83,27* Vgl. S. 48,22 u. 57,41. *83,28* Vgl. S. 80,12. *83,30* Von Schäfer erschienen bei Tauchnitz in Leipzig: Xenophontis opera ad optimorum librorum fidem edita 1811-13 in sechs Bänden, Demosthenis opera 1812-13 in fünf Bänden.   *83,37* Vgl. S. 80,19.   *84,5* Vgl. II 156,8.

**38.**   *84,10* Hier fehlt ein Br. Wolfs.
*Anschrift:* A Monsieur Monsieur F. A. Wolf, Membre des académies Royales de Prusse et de Bavière à Berlin (Behrenstraße No. 60)

**541.** Dieses Briefchen habe ich bereits nach Körtes Abschrift veröffentlicht (Nr. 541). Vergleicht man diese mit dem Autograph, so ist man erstaunt, wie eigenmächtig Körte mit den überlieferten Worten umgesprungen ist; er hat manches unterschlagen, willkürlich umstilisiert, keck interpoliert. Wenn ich demnach vor längerer Zeit der Meinung Ausdruck gegeben habe (I S. VIII), daß es nicht zu bedauern sein dürfte, wenn Körte den Plan einer Ausgabe der Briefe Wolfs fallen gelassen, so findet dies durch die vorliegende Körtesche Editionsprobe seine Bestätigung.

**541a.**   *85,2* Dieses Billet nicht vorhanden.
*Anschrift:* Herrn Professor Bekker hies.[elbst]

**553a.**   *85,30* Vgl. zu I 36,6.   *85,35* Theognidis Elegi ex fide librorum manuscriptorum recensiti et aucti. Cum notis Frid. Sylburgii, Rich. Franc. Phil. Brunckii edidit Immanuel Bekkerus. Lipsiae apud Ioa. Aug. Gottl. Weigel. Lipsiae 1815.

**565a.**   *86,2* Der erste Band der Anecdota graeca Bekkers (vgl. zu S. 33,13) trägt die Widmung: Frider. Aug. Wolfio, Praeceptori suo d. editor.   *86,8* Vgl. zu II 176,30.

**39.**   *86,20* Diese Scholien edierte Bekker mehrere Jahre später: Scholia in Homeri Iliadem ex recensione Imm. Bekkeri. Berol. ap. Reimer 1825. Voll. II. *86,21* Vgl. zu II 52,32.   *86,22* Il. I 514.

**40.**   *86,31* Bd. II der Anecdota erschien 1816 bei Reimer, darin enthalten: Apollonii Alexandrini De coniunctionibus et adverbiis libri. Dionysii Thracis Grammatica. Choerobosci, Diomedis, Melampodis, Porphyrii, Stephani in eam scholia.   *86,37* Den Orion gab nicht Bekker, sondern Sturz heraus (vgl. zu II 66,23).   *86,43 Vgl. zu I 36,6.*
*Anschrift:* Herrn Geh. Rath. Wolf Behrenstr. 60.

Ein undatiertes Berliner Brieflein Wolfs an Bekker, das sich dem fortlaufenden Text nicht wohl einfügen ließ, möge hier seine Stelle finden.

Sind Ihnen, mein Theuerster, die 2 Sachen nicht schlechterdings und dringend nothwendig, so muß ich bitten, damit bis zum Entsiegeln meiner Papiere zu warten. Früher gab ich Ihnen wol ebenso oft, als oft Sie davon sprachen, zu verstehen, daß ich die Sucherei von etlichen Stunden scheuete, izt wird es noch mehr kosten, daher ich schon 10mal meine Begierde nach diesem und jenem Inhalt eines Packets unterdrücken muste. Über 4–6 Wochen kann ja die Ungewißheit nicht dauern. Wollen Sie aber die Sachen früher, so sagen Sie mir es noch heute.
Ich schreibe, weil ich soeben zu einer Fahrt eingeladen werde und zu Eßen an fremdem Ort. W.

## II

### Erläuterungen zu den Briefen Wolfs an verschiedene Adressaten

**2a.** *H.* Univ.-Bibl., Göttingen: Cod. ms. Heyn. no. 83 Bl. 212. – Direktor Meisner hatte dem Lehrkörper der Ilfelder Klosterschule die Frage zur Erwägung vorgelegt, inwiefern die bisherige Einrichtung der Betstunden zweckmäßiger zu gestalten wäre und hiedurch die Andacht mehr befördert werden könnte.

**2b.** *H.* = 539. Es ist das einzige noch vorhandene Schreiben Wolfs in englischer Sprache, in der er sich als Student in Göttingen, wo er viel mit jungen Engländern verkehrte, zu vervollkommnen Gelegenheit fand. Es bezieht sich, wie ich von vornherein vermutete – eine Vermutung, die dank der entgegenkommenden Hilfe des Direktors der Handschriften-Abteilung der Preuß. Staatsbibliothek, Prof. Christ, ihre Bestätigung fand –, auf Wolfs früh verschollenes Erstlingswerk, die Ausgabe von George Lillos Tragödie The fatal Curiosity (vgl. zu I 170,28 u. III 258), ein Rarissimum oder wohl gar ein Unikum, das ich in der PrStBibl. fand. Im folgenden sei das dieser Ausgabe vorausgeschickte „Advertisement" als bescheidene Ergänzung zu den von G. Bernhardy gesammelten Kleinen Schriften Wolfs vorgelegt. In dem mir vorliegenden Exemplar hat er eigenhändig unter „The Editor" seinen Namen „Fr. A. Wolf" mit Bleistift eingetragen sowie in der letzten Periode dieses Vorworts offenbar selbst das Wort „whose" durchgestrichen, ohne dafür seine Besserung einzusetzen. Dies der Wortlaut des „Advertisement":

> The merit and superiority of Lillo's theatrical pieces are so universally acknowledged amongst us, that not even the miserable German translation, which has been coming out some years ago, where every spark of the poet's genius is extinguished, has been able enough to diminish a reputation so well established. Though divested of their original elegance and correctness of style, they have been represented not without considerable applause on our stages; and every private reader has been charmed with the writer's natural manner, moved by his tender sentiments and instructed by his morals. 'Twas for this reason, I was induced to divulge by way of reprinting one of his most accomplished pieces; and I dare hope, the receiving by this means the following tragedy will be agreeable to the public, and the more so, as the English edition of his works cannot be supposed to be in many hands. Besides finding the style in this play to be extremely easy, it seemed to me very accommodated for the service of such as apply themselves to studying this language. And with this view I have subjoined a small Dictionary explaining those manners of speaking, which, to what I supposed, would be most difficult to those, for the use of whom the present impression is particularly undertaken. There are also prefixed some memoirs of the life and writing of our dramatist, whose veracity must wholly depend on that of the newest publisher of his works.
> The Editor.

**22 a.** *H.* PrStBibl.     *88,9* Es ist die Odysseeausgabe aus dem J. 1784 (vgl. Schriftenverzeichnis III 258).
*Anschrift:* An Herrn Conradi Hoch Edelgebornen.

**27 a.** *H.* = 22 a.     *88,26* Petronii Arbitri Satiricon ex recensione Petri Burmanni passim reficta cum supplementis Nodotianis et fragmentis Petronianis. Notas criticas aliasque et indicem uberrimum addidit Conr. Gottlob. Antonius, Litt. orient. prof. Viteb. Lipsiae 1781. Angeschlossen: Priapeia sive diversorum poetarum in Priapum Lusus aliaque incertorum auctorum poemata emendata et explicata.     *88,28* Pausanias, Reisebeschreibung von Griechenland, übersetzt und mit Anmerkungen erläutert von J. E. Goldhagen. Berlin u. Leipzig 1766. 2 Bde.     *88,29* Chrestomathia Graeca sive loci illustres ex optimis scriptoribus dilecti, quam potuit emendate editi, notulis brevibus et indice copioso illustrati a Jo. Matthia Gesnero. Lipsiae 1731 zuerst erschienen, darauf noch wiederholt aufgelegt.

**27 b.** *H.* Univ.-Akten, Halle: B. 25, Dr. Bahrdt betr. 1785. – In der Gebauerschen Buchhandlung in Halle sollte zur Ostermesse 1785 das Werk von Bahrdt erscheinen: Systema theologiae Lutheranae orthodoxum cum brevi notatione dissensionum recentiorum. Prof. Joh. Ludw. Schulze, dem das Manuskript zur Zensur überschickt wurde, erklärte, er könne nicht ein Buch zensieren, in dem die Gottheit Christi und des Heiligen Geistes angegriffen würde. Durch einen Aufsatz in der Hallischen Zeitung sollte das Publikum abgeschreckt werden, das Buch zu kaufen. Darauf veröffentlichte Bahrdt eine „Appellation an das Publikum wegen einer Zensurbedrückung, das Systema theologicum betreffend, welches zu Ostern herauskommen wird. 1785". Die Universität Halle verbot nicht nur den Verkauf dieser Schrift, sondern konfiszierte sogar die dorthin gesandten Exemplare, worüber sich der Buchhändler Mylius, der die „Appellation" gedruckt hatte, beschwerte. Das Oberschulkollegium (Minister Zedlitz) erklärte sich in diesem Fall und überhaupt in der Angelegenheit Bahrdt gegen die theologische Fakultät.     *89,8* Im Reskript vom 3. Febr. 1785 heißt es: „Was die zur Sache eigentlich nicht gehörige, aber in Eurem Bericht berührte Beschwerden betrifft, so müßtet Ihr zuvörderst die angeblich von dem D. Barth begangene groben delicta... untersuchen und nachweisen."     *89,11* Diese Äußerung habe ich in den Akten nicht gefunden. – Als eine Art Stimmungsbild möge eine Stelle aus einem Brief von Christian Gottfried Schütz angeführt werden, der unterm 4. Febr. 1786 schreibt:

> Wahrlich, ich möchte jetzt nicht Professor der Theologie sein, und wenn man mir des Großmoguls Revenuen zur Besoldung geben wollte! Am wenigsten aber möchte ichs in Halle sein, wo den Theologen der arge Sophist Bahrdt auf dem Nacken sitzt, wiewohl dieser selbst dadurch, daß er offenbar

fürs Geld schreibt, also, wie es Sokrates nennt, ein ἀνδραποδιστὴς ἑαυτοῦ ist, teils durch grobe Inkonsequenzen, teils durch den übeln Geruch seiner Lebensart ihnen wieder leichteres Spiel macht. Sonst aber, je braver und einsichtsvoller jetzt ein Theologe ist, desto übler ist er dran.

(Friedr. Chrn. Aug. Hasse, Zeitgenossen. 3. Reihe, IV 3 u. 4 [Leipzig 1833], S. 12).

**28a.** *H.* = 22a.    *89,23* C. G. Gross ist der Verleger von Wolfs Erstlingsschrift (vgl. Schriftenverzeichnis).

**30a.** *H.* = 22a.    *89,38* Die Vorrede dieser Ilias-Ausgabe (vgl. Schriftenverzeichnis) trägt das Datum: 1. Okt. 1785.
*Anschrift:* An Herrn Conradi Hoch Edelgebornen alhier.

**34a.** *H.* Dekanatsakten, Halle. – Dieses Schriftstück tritt ergänzend zu den an das Professorenkollegium gerichteten Zuschriften Nr. 33–36.    *90,32* Direktor der Universität war der Rechtsgelehrte Daniel Nettelbladt.    *90,36* Prorektor ist Joh. Christian Förster.

**36a. 41a.** *H.* = 34a (beide nicht eigenhändig).    *92,10* Reinhold Forster (vgl. Nr. 33).    *92,36* Das von Wolf als Dekan abgesandte Schriftstück wurde dahin beantwortet, daß es nicht der Weitläufigkeit bedürfen werde, das Manuskript dem Grossing von hier aus zuzustellen, der kürzeste Weg werde der sein, es ihm anzubieten oder zu übersenden und, wenn er die Annahme verweigere, es zu „reponieren". Eine Verfügung, die aufgelaufenen Kosten zu bezahlen, würde nur für den Fall seiner Weigerung eintreten.

**72a.** *H.* = 34a. Klügel als Dekan erwähnt in seinem Schreiben an die Fakultät das Manuskript, betitelt: Das Buch der Weisheit für Regenten und Untertanen von Bahrdt. Den ersten elf Bogen habe er schon das Imprimatur erteilt, allein der Rest scheine ihm nicht die Zensur passieren zu können. Er frage die Fakultät um ihre Meinung, die Wolf in vorliegendem Schriftstück gibt.    *93,3* Joh. Georg v. Zimmermann war in seinen Schriften aufs schärfste gegen die Berliner Aufklärer, auch gegen Bahrdt, aufgetreten, wobei er sie als Feinde der Religion und der Fürstengewalt denunzierte. Die Schrift „Mit dem Herrn v. Zimmermann, Ritter des St. Wladimirordens von der dritten Klasse, Königl. Leibarzt und Hofrat in Hannover, der Akademien der Wissenschaften in Petersburg u. Berlin, der Gesellschaften der Ärzte in Paris, London, Edinburg u. Kopenhagen und der Sozietät der Wissenschaften Mitgliede, deutsch gesprochen von Dr. K. F. Bahrdt, auf keiner der deutschen Universitäten weder ordentlichem noch außerordentlichem Professor, keines Hofes Rat, keines Ordens, weder von der ersten noch dritten Klasse, Ritter, keiner Akademie der Wissenschaften wie auch keiner einzigen gelehrten noch ungelehrten Sozietät Mitgliede" (1790 ohne Druckort), war die derbe Erwiderung auf nicht minder derbe Ausfälle.

**72b.** *H.* = 34a. Dekan Klügel richtete an den Prorektor Forster und die Kollegen ein Schreiben folgenden Inhalts: Durch ein allerhöchstes Reskript sei Hr. Peucker, der neulich die Magisterwürde in Halle erhalten, zum Prof. extraordinarius der Philosophie ernannt worden. Dies sei umso befremdlicher, da dessen Antworten beim Examen nur mäßig befriedigt hätten. Es sei reiflich zu überlegen, ob die Fakultät bei diesem wirklich ungewöhnlichen Fall nicht ihre Bedenken höchstenorts vorbringen sollte. In den Statuten der philos. Fakultät heiße es: „Adiuncti philosophiae non plures sint quam duo, nisi crescens Academiae numerus aliud forsan suadeat. Qui vero adiungendus est Facultati, sit Magister non recens, sed praesidio unius alteriusque disputationis cognitus et probatae doctrinae cet." Was hier von den Adjunkten gefordert werde, dürfe man desto mehr auf außerordentliche Professoren ausdehnen. Hr. Peucker hätte also die zwei auferlegten Disputationen zu halten. Forster bemerkte in seinem Votum, bei der großen Zahl der ordentlichen und außerordentlichen Professoren und Privatdozenten, brauche man wahrlich keinen Zuwachs, „sonst muß uns Sr. Exzellenz Zulage geben, damit wir den Abgang der auditorum verschmerzen können". Gegen Forster und teilweise auch gegen Klügel macht Wolf seine Einwendungen.     *93,29* Der hier genannte Rosenthal zweifellos ein Verwandter des um 1 Jahr älteren Jungendfreundes Wolfs, Konrad Gottlieb Rosenthal.     *93,30* Schlendriansrecht: Gewohnheitsrecht.     *94,11* In seinem Schreiben vom 26. April 1790 erwähnt Peucker, er habe die Alma Fridericiana wieder aufgesucht suscipiendorum in philosophia summorum honorum et licentiae pro rostris academicis dicendi obtinendae gratia; einige Monate später erschien die Schrift: De argumentis indirectis pro veritate idealismi critici. Consentiente amplissimo philosophorum ordine praeside Georgio Simone Klügel, h.t. ord. philos. decano, pro summis in philosophia honoribus obtinendis d. XVII Septembr. MDCCXC publice disputabit auctor Joannes Gottlieb Peucker, Svidnicio-Silesius. Halae, Typis Hendelianis. 60 S.     *94,31* Friedrich Meinert war 1787 zum Prof. extr. in Halle ernannt worden; 1799 ging er ab ohne je, wie es scheint, Ordinarius geworden zu sein (Schrader II 563). – Ihren vorläufigen Abschluß fand die Sache Peucker nach folgender Mitteilung Wöllners an die Fakultät vom 14. Sept. 1790: "Der Kandidat Peucker ist [von] uns allerdings nur unter der Voraussetzung zum Prof. ernannt worden, daß er bereits alle Observanz- und Statutenmäßige Praestanda praestiert habe; da dies nun nach Eurer Anzeige vom 26. v. M. nicht geschehen ist, so haben wir den Peucker angewiesen, annoch alles das zu leisten, was Ihr von ihm zu verlangen berechtigt seid." „Er bleibt also", wie der Dekan der Fakultät mitteilt, „zufolge dieses Reskripts bloßer Magister, bis er pro facultate legendi disputiert hat", worüber Näheres III 32 ff.

**108 a.** *H.* = 22 a.   *94,38* Unklar bleibt der Zusatz „Editio altera", da Wolf den Herodian vorher nicht ediert hatte. Aber genau nach seiner Angabe ist die Edition im Meßkatalog S. 57 (Ostermesse 1792) angekündigt.

**109 a.** *H.* = 22 a.   *95,9* Dies die Titel der im folgenden erwähnten Zeitschriften. Königsbergische Gelehrte Anzeigen. Erfurtische Gelehrte Zeitungen. Gothaische Gelehrte Zeitungen. Leipziger Zeitungen. Würzburger Gelehrte Anzeigen. Nürnbergische Gelehrte Zeitungen. Erlanger Gelehrte Zeitungen. Tübingische Gelehrte Anzeigen. Oberdeutsche ALZ. (Salzburg).   *95,12* „dort", d. h. in GGA.   *95,18* Vgl. zu I 123,10.   *95,19* Die Worte „Haben Sie aber... abzugeben" nachher gestrichen.

**109 b.** *H.* = 22 a.   *95,36* Epistola critica in Propertium ad virum eruditissimum Laurentium van Santen. Accedunt nonnulla in Catullum et Tibullum. Amstelodami 1792.

**120 a.** *H.* Hauptbibl. des Waisenhauses in Halle.   *96,14* Vgl. zu I 119,24. – Es ist der Druck der Lucianausgabe Wolfs (vgl. Schriftenverzeichnis III 259). *96,20* Vgl. I 29,40. – Joh. Frdr. Ludw. Wachler, Geschichte der Literatur u. Kunst auf Schulen. Bielefeld 1791. 2 Hefte. – Animadversionum in loca quaedam veterum poetarum eorumque vertendorum periculum facit Henricus Crede. Marburgi 1792. – Characteristiks of Men, Manners, Opinions and Times [By A. A. Cooper, Earl of Shaftesbury] London 1713. 3 vol. (seither öfters). – Tacitus, Sämtliche Werke, übersetzt von Joh. Sam. Müller, Hamburg 1765–66. 3 Bde.

**124 a.** *H.* Univ.-Bibl. Leipzig.   *96,34* Die zwei Studenten sind G. G. Bredow und Reinert (vgl. S. 99,10).   *96,40* Porgold, Angestellter in der Druckerei des Hallischen Waisenhauses.

**129 a.** *H.* Karl Ernst Henrici, Antiquariat, Berlin. – Datum von der Hand des Empfängers.

**131 a.** *H.* Univ.-Akten, J. 31 Vol. III., Halle. – Oelrichs, „variis scientiarum societatibus adscriptus", hatte der Hallischen Universität zu ihrer hundertjährigen Jubelfeier die Schrift gewidmet: Specimen reliquiarum linguae Sclavonicae in nominibus quibusdam regionum et locorum, quae nunc a Germanis possidentur. Berol. 1794. Das Dankschreiben im Namen der Universität von Wolf als

Prof. eloquentiae verfaßt und eigenhändig niedergeschrieben.  *97,31* Prorektor vom 12./7. 1793–12./7. 1794 ist Aug. Herm. Niemeyer, Direktor seit 1791 Ernst Ferdinand Klein.

**133a.** *H.* = 131a. – J. J. Sell, Rektor des Stettiner Gymnasiums, an der Hallischen Universität gebildet, hatte sie zu ihrem Jubiläum unter Zusendung seiner „Sammlung einiger moralischer Reden" (Halle 1779) beglückwünscht. Vom Prorektor Joh. Chrn. Förster wurde Wolf ersucht, ein Dankschreiben an Sell nomine academiae aufzusetzen.

**135a.** *H.* J. A. Stargardt, Antiquariat, Berlin. – Das Datum von der Hand des Empfängers.    *98,24* Porgold (od. Purgold) scheint die richtige Schreibung des Namens zu sein (vgl. S. 96,40 u. 99,35).
*Anschrift:* Herrn Conradi Hoch Edelgebornen.

**150a.** *H.* = 22a. (Br. 150 ist **Anfang Juni 1795** zu datieren).    *99,21* Vgl. I 168,15.

**150b.** *H.* Herausgeber.    *99,31* Über die zwei Studenten vgl. zu S. 96,34. *99,34* Fiskal, hier wohl Einsammler, Eintreiber, der die Bezahlungen für die Vorlesungen des Professors eintreibt.
*Anschrift:* Herrn Conradi Hoch Edelgebornen hieselbst.

**150c.** *H.* = 120a.

**177a.** *H.* = 34a. Dekan Förster teilt dem Professorenkollegium das Ansinnen des Magister Laukhard mit, Vorlesungen an der Universität zu halten, und fragt, ob ihm dies neuerdings erlaubt werden könne, da er, ehe er Soldat geworden, wirklich eine Zeitlang gelesen habe. Bei der großen Familiarität mit den Studenten seien allerdings damals Unordnungen entstanden, die auch jetzt bei der eigentümlichen Rolle, die er gespielt, zu befürchten sein würden. Die Meinungen der Professoren waren geteilt: daß er Soldat gewesen, votierten einige, habe freilich seine Kenntnisse nicht erweitert, aber dadurch habe er die Erlaubnis zu lesen nicht verwirkt; man lasse ihn beobachten und könne man ihn alsdann schlechter Streiche überführen, dann erst dürfe man ihm das Lesen untersagen. Zugleich wäre ihm anzuzeigen, daß nicht bloß Kenntnisse, sondern auch gute Sitten erforderlich seien, um auch nur Privatlehrer zu sein. Im vorstehenden ist das Votum Wolfs wiedergegeben. In welchem Sinne die Sache entschieden wurde, ist aus den Akten nicht weiter zu ersehen. Jedenfalls begegnet Laukhards Name in den Lektionskatalogen vom S. S. 1796 ab nicht. – Bemerkenswert übrigens die hohe

Achtung, mit der dieser literarische Vagant, vor dessen scharfem Urteil sonst nicht leicht jemand bestand, über den auch ihm, wie vorliegendes Schriftstück zeigt, keineswegs übel gesinnten Wolf sich äußert (F. C. Laukhards Leben und Schicksale, von ihm selbst beschrieben. II. Teil [Halle 1792], S. 128 f.):

> Bei meiner Ankunft in Halle waren alle Fakultätenvortrefflich besetzt, ... nur die Philologie schien vernachlässigt zu sein. Der einzige Herr Niemeyer las zuweilen einige Philologica, z. B. über Ciceros Redner, über einige griechische Tragödien usw. Die philologischen Vorlesungen des Herrn M.[agister] Fabri kamen noch weniger in Anschlag. Aber im Herbst 1783 wurde Herr Prof. Wolf hieher gerufen, und der hat die ganze Lage der Sachen in diesem Stück gewaltig verändert. Ich werfe mich zwar nicht zum Richter auf, aber das muß ich sagen, daß Herr Wolf das philologische Studium in Halle recht wieder emporgebracht hat, sosehr es auch seit Herrn Schützens Abzug nach Jena gänzlich darniederlag... Wolf fing an Kollegien zu lesen; aber da die Studenten auf dergleichen gar nicht achteten, so waren anfangs seine Lehrstunden wenig besetzt. Aber bald lernte unsere Jugend, was sie an Wolfen hatte, und Wolf wurde fleißiger besucht. Selbst Herr D. Semler war sein geflissentlichster Werber. Wolf ist indessen der Mann nicht, der erst in die Welt hineinposaunt und à la Basedow allerhand philanthropinische Luftschlösser baut; daher wurde auch sein Seminarium der Welt erst durch den Effekt bekannt: und doch hat dieses Seminarium schon mehr Gutes gestiftet als alle Dessauische, Marschlinzer und Heidesheimer Philanthropine: selbst Herrn Heynes Seminarium ist mit dem Hallischen in Rücksicht des wirklich gestifteten Nutzens kaum zu vergleichen. Ich sage nur noch, daß die schon rühmlich bekannten jungen Männer, Schellenberg, Fülleborn, Ideler, Fischer, Koch, Rambach und mehr andere, Herrn Wolfs Schüler gewesen und durch seine Bemühungen in den Stand gesetzt sind, die alte griechische und römische Literatur und nach beiden die deutsche zweckmäßig zu benutzen. – Semler ehrte und liebte Wolfen sehr: est, sagte er einst zu mir ὁ πάνυ in graecis et latinis atque adeo in omni antiquitate, φιλοσοφεῖ ἐν φιλολογίᾳ.

*101,9 ius postliminii:* Recht der Rückkehr in die Heimat und in die alten Gerechtsame. Nur im Lektionskatalog für das W. S. 1783/84 finden sich folgende Vorlesungen Laukhards angekündigt: In (!) Claudii Aeliani varias historias commentabitur quotidie h. V–VI Lauckhard. – Historiam antiquam duce Mangelsdorfio docebit h. I–II. – Historiam Imp. Rom. Germ. e libello ill. Selchovii communicabit h. X–XI. – Historiam populi ac Imp. Rom. publice tradet trinis e septenis diebus h. VI–VII. – Historiam Byzantinam (cuius ingens utilitas in noscendis Eccl. satis notissima est) ad proprium libellum praeleget hora auditoribus commoda quater per hebdomadem. – Logicam ad Boehmianum compendium, h. II–III praeleget.

**177b.** *H.* = 124a.    *101,20* Eine Schrift dieses Titels ist tatsächlich im Meßkatalog 1796, S. 223 unter „Schriften, welche künftig herauskommen sollen", angekündigt; sie ist aber niemals erschienen (vgl. zu S. 42,9).

**212a.** *H.* Univ.-Archiv, Halle: E.2.C.1788–1802.fol.55 f.    *102,15* In diesem Reskript heißt es, künftig müßten bei Semesteranfang nur diejenigen sogleich zur Prüfung vorgenommen werden, die in einer Woche angekommen sind, nicht aber mehrere Monate abgewartet werden, um sodann alle neu Angekommenen in Masse zu prüfen.     *102,16* scheinbar = den Schein von etwas habend (im Gegensatz zur Wahrheit).     *102,43* In der Erledigung des von Wolf verfaßten Berichtes durch das Oberkuratorium (unterschrieben: Wöllner) wird noch zu den Punkten 1 und 3 ein Gutachten darüber gefordert, ob nicht die Drohung, daß diejenigen jungen Leute, die nach vorheriger Vorladung sich nicht zur Prüfung einfänden, oder die Schulzeugnisse nicht rechtzeitig einreichen, durch öffentlichen Anschlag für unreif erklärt werden sollten, das bewirken würde, was durch die bisherigen Zwangsmittel nicht sei erreicht worden. Dem Rektor des Prenzlauschen Lyzeums (ad 2) sei wegen der nicht vorschriftsmäßig ausgestellten Zeugnisse ein Verweis erteilt worden. Der Fischer (ad 4) habe sich nach einem halben Jahre aufs neue zur Prüfung einzufinden, von der die Entscheidung über seine Reife oder Unreife abhangen solle.

**213 a.** *H.* GStA.: R.76. II. Abt. No. 71. fol. 63. – „Fiat et expediatur", schrieb Wöllner auf dem Briefblatt.
*Anschrift:* Au Roi à Berlin – fr. zu Sr. Excellenz des Herrn Etatsminister v. Wöllner Departement.

**219 a.** *H.* Herausgeber.     *103,21* Vgl. zu I 21,15.
*Anschrift:* Herrn Fulda Wohlgebornen hies.[elbst]

**223 a.** *H.* Dekanatsakten, Halle. – Georg Gustav Samuel Köpke, Kollaborator am Berlinischen Gymnasium, richtete ein kurzes deutsches Schreiben an die Professoren der philosophischen Fakultät mit der Bitte, ihm die philosophische Doktorwürde zu verleihen. Vor fünf Jahren habe er die Hallische Universität verlassen, wo er theologische, philosophische und philologische Vorlesungen gehört habe. Nach den akademischen Jahren sei er von Gedike ins Seminar für gelehrte Schulen aufgenommen worden und seit einem halben Jahr arbeite er als Lehrer am Berlinischen Gymnasium. Er bitte um die Erlaubnis, eine Abhandlung De vi ac significatione vocis τύραννος apud Graecos et Romanos einschicken zu dürfen, die im Manuskript 5 bis 6 Bogen betrage und für den Druck bestimmt sei, sobald er die Hoffnung habe, seine Bitte erfüllt zu sehen. – Nachdem Köpke sein specimen und curriculum vitae eingeschickt hatte, schrieb Wolf das Votum vom 7. Mai nieder. Im curriculum vitae sagt Köpke u. a.: „Wolfium, virum acutissimum, cui, si per temporis angustias [er blieb nur 2 Jahre (1791–93) in Halle] licuisset, totum se dedisset, audivit quidem, sed minus, quam volebat, viri istius lectionibus vacare poterat. Attamen philologicam, quam dicunt encyclopaediam ex eo audivisse grata semper recolet memoria."

**229a.** *H.* Univ.-Bibl., Bonn   *104,15* Der „junge hiesige Gelehrte", dessen Namen Wolf absichtlich verschweigt, ist zweifelsohne sein Schüler Friedrich Wilhelm Riemer; als vierundzwanzigjähriger Privatdozent in Halle gab er anonym heraus: Sainte-Croix, Widerlegung des Wolfischen Paradoxons über die Gedichte Homers. Aus dem Französischen. Leipzig 1798, bei Siegfried Lebrecht Crusius. 78 S. 8. Ohne gleichfalls sich zu nennen, schrieb Wolf (unterzeichnet B) folgende Sätze zur Einführung, die hier wiedergegeben seien, da sie, aus einem ganz seltenen Büchlein stammend, fast unbekannt geblieben und auch in Wolfs Kleine Schriften nicht aufgenommen sind.

Gegenwärtige Schrift des Herrn Sainte-Croix, der auch unter uns durch mehrere litterarische Arbeiten als einer der ersten französischen Altertumskenner berühmt ist, ward dem Uebersetzer früher aus Frankreich zugesandt, als der Titel davon in deutschen Zeitschriften genannt war. Dieser ist: Refutation d' un Paradoxe litteraire de Mr. Wolf, Professeur en langue grecque, sur les Poésies d' Homère, à Paris 1798.8. Der Uebersetzer glaubte seinen gelehrten Landsleuten, denen daran gelegen seyn muß, die Acten dieser Untersuchung vollständig zu besitzen, durch eine treue Uebersetzung einen kleinen Dienst zu erweisen.

Wenn er nämlich von dem Interesse, das er als Dilettant an der Streitfrage nimmt, auf andere Personen von größerer Gelehrsamkeit schließen darf, so muß in der That der Eifer groß seyn, eine Reihe so scharfsinnig erregter Zweifel über einen Gegenstand, wo bestimmte Zeugnisse des Alterthums schweigen, oder sogar den Behauptungen des großen Critikers entgegenstehen, zu beantworten. Nur darf wohl dazu nicht, wie in der neusten Philosophie, ein jeder seinen Kiel ansetzen. Es ist nicht genug in den Classen nothdürftig Griechisch und Latein gelernt zu haben, um sich in eine Untersuchung der Art einzulassen, so wenig als der gemeine, übrigens wohl unterrichtete, Christ über die Dogmen seiner Kirche noch über ihre Geschichte, eine Stimme hat. Die Vielen müssen also fortfahren, ihren Homer zu lesen, wie der gemeine Christ seine Bibel zu seinem Frommen lesen, und in Schule und Kirche anhören muß, ohne sich weder um die Quellen der Genesis, noch um die Aechtheit der Offenbarung Johannis, noch überhaupt um die Integrität des ganzen Bibelwerks zu bekümmern. Nur der Wenigen Sache muß es bleiben, die Schicksale und Veränderungen so alter Werke, unabhängig von andern Rücksichten, zu untersuchen. Das Studium des gelehrten Alterthums gilt zwar für keine Facultäts-Wissenschaft, aber es scheint dies immer mehr wirklich zu werden; und seiner Natur nach war es dasselbe schon längst.

Nicht jene Betrachtungen allein, auch schon der Mangel an Muße würde mich verhindert haben, Zusätze und Gegen-Erinnerungen beyzufügen. Ich überlasse daher das Ganze denjenigen, die einen bestimmtern Beruf dazu haben.

Uebrigens scheint es mir nicht, als ob der Herr Verfasser sich auf die ganzen Prolegomenen des Herrn Prof. Wolf habe einlassen wollen. Er würde, nach der Ausdehnung, die er seiner Refutation gegeben hat, sodann wohl zehnmal ausführlicher haben seyn, und ein Werk von der doppelten Stärke der Prolegomenen schreiben müssen. Er scheint diese sogar nur obenhin und schon im Feuer der Widerlegung angesehen zu haben. Allein das Buch ist mit einer zu seltnen Gedrängtheit geschrieben, als daß es, wie es mir scheint, möglich wäre, sich gleich beym ersten Lesen eine tiefere Einsicht in die abghandelten Materien zu verschaffen.

Bemerkenswert ein Brief Villoisons an Ste-Croix, worin er diesem für sein „ouvrage aussi solide et aussi judicieux" dankt und sich zugleich über Wolfs Prolegomena äußert (vgl. D' Ansse de Villoison et l' Hellénisme en France pendant le dernier tiers du XVIII$^e$ siècle... par Charles Joret. Paris 1910 [Bibl. de l' École des Hautes Etudes, 182$^e$ fascicule], S. 378):

> Homère a trouvé en vous... un défenseur digne de lui. Votre dissertation est un chef-d' oeuvre de critique, d' érudition et de vrai goût. M. Wolf est un savant du premier mérite, mais il est atteint de la maladie du siècle, de la fureur d' innover. Cependant, comme il est presque impossible de trouver maintenant une erreur nouvelle, il n' a fait que ressusciter celle de l' abbé d' Aubignac, et il a eu soin de l' appuyer avec toutes les ressources que lui fournit sa vaste érudition. Quelques-unes des remarques des anciens critiques, dont j' ai publié des morceaux dans les Prolegomènes de mon Homère, auront pu lui fournir des armes. Avec de la lecture et de l' esprit on peut venir au bout de tout prouver et d' ébranler les vérités les plus incontestables...

Desgleichen hat Villoison Wolfs Theorien im Auge, wenn er in einem Brief aus dem Jahre 1802 an Chevalier Angiolini schreibt (Joret S. 461):

> Le divin Homère, dont on ne sait pas plus l' origine que celle du Nil, a rendu ces oracles du fond d' un sanctuaire invisible et impénétrable aux yeux des mortels, ce qui a fait revoquer en doute l' existence de ce dieu de la poésie, de ce génie créateur qu' on ne connoit que par ses oeuvres, et c' est une des principales causes de cet athèisme littéraire.

*104,25* Bibliographisches Handbuch der gesamten neuern sowohl allgemeinen als besonderen, griechischen und römischen Literatur von Georg Niklas Brehm. 2 Teile. Leipzig, C. Fritsch, 1797–1800. Aus dem Hinweis auf dieses von Kaspar Fritsch verlegte Buch ließ sich der Empfänger des vorliegenden Briefes erschließen. Doch übernahm nicht Fritsch, sondern, wie zuvor erwähnt, Crusius den Verlag der Übersetzung.     *104,26* Joh. Gottlob Schneider hatte manche seiner Ausgaben, so Xenophons Hellenica und Memorabilia Socratis, bei Fritsch verlegt (vgl. zu I 101,4.13).

**233a.** *H.* = 213a (fol. 86). – Die angesuchte Reise-Permission wurde vom Oberkuratorium (Massow) erteilt.

**247a.** *H.* GehStA.: R.76 II. Abt. No. 29. fol. 170f. Nicht eigenhändig.

**248a.** *H.* Herausgeber. – *Anschrift:* An Herrn Barth Buchhändler in Lpz.

**249a.** *H.* = 124a.

**250a.** *H.* Univ.-Archiv, Halle: C. 43. Prorektor Meckel teilt den Professoren der Universität eine Zuschrift des Hallischen Magistrats, den Professor Rüdiger betreffend, mit, der durch mehrere Anzüglichkeiten allgemeinen Widerwillen erregt habe. Der Aufforderung gegenüber, seinen Verstoß anzuerkennen und eine Art von Erklärung dem Magistrat abzugeben, habe er sein Recht behauptet. Um aber künftighin von ihn betreffenden Anträgen befreit zu sein, solle er der

Zensurfreiheit verlustig erklärt werden. Die Mehrzahl der Professoren stimmte dafür, daß vorläufig hierüber nicht nach Berlin berichtet werde, desto nötiger aber scheine es, daß ihm die Mißbilligung des akademischen Senats ausgesprochen werde. Anders lautet das Votum Wolfs. – Des weiteren hatte Rüdiger gegen die Verwaltung des Waisenhauses von Seiten Nösselts und Niemeyers Einwendungen gemacht, worauf Nösselt den Antrag stellte, es seien Maßregeln zu ergreifen, wodurch ähnlichen Übereilungen künftig vorgebeugt und das den ordentlichen Professoren verliehene Zensurrecht nicht von diesen mißbraucht werden könne.

**250b.250c.** *H.* = 34a.    *107,26* Die Juristenfakultät hatte sich, wie aus den Vota der Professoren hervorgeht, für die Vorausbezahlung aller Kollegiengelder erklärt.    *107,31* Massow hatte im Sommer 1800 als Chef des Ober-Schuldepartements eine Visitation der Universität angestellt und manche mangelhafte Einrichtung sowohl im ganzen als in einzelnen Teilen bemerkt. In einem Reskript von vielen Folioseiten (27. Jan. 1801) wird der Lehrkörper aufgefordert, zweckmäßige Vorschläge zur Abänderung zu tun. Daraufhin wünschen alle Professoren, daß Wolf die Ausarbeitung des Gutachtens der philos. Fakultät übernehme, „sie könne in keinen bessern Händen sein".

**251a.** *H.* = 34a. – Das ausführliche Urteil über den günstigen Erfolg der Prüfung, die von Klügel und Rüdiger vorgenommen wurde, liegt den Akten bei.

**251b.** *H.* = 250a.

**254a.** *H.* Herausgeber. – Es handelt sich um Wolfs Suetonausgabe (s. Schriftenverzeichnis III 259).
*Anschrift:* an Herrn Grunert hies.[elbst]

**255a.** *H.* GehStA.: R. 76 II. Abt. No. 76. – In einem Reskript des Oberkuratoriums war angeordnet worden, daß die an dieses einzusendenden Verzeichnisse der Studierenden, die ein Freikollegium oder ein Seminar besuchten, folgende fünf Angaben zu enthalten hätten: Namen, Vaterland, Hauptstudium und künftige Beschäftigung, vorher besuchte Schulen, Zeit des Aufenthalts auf der Universität.

**259a.** *H.* Univ.-Archiv, Halle: B Nr. 3e, Vol. II. fol. 29f. – Prof. Matthias Sprengel zeigte dem Rektorat an, daß er das seit 1779 besorgte Oberbibliothekariat am 12. Juli 1802 niederlegen werde; bei dem geringen Gehalt von höchstens 40 Rthlern habe er als Verwalter der Bibliothek einen nicht unbeträchtlichen Teil seines Vermögens zugesetzt. Der Prorektor lud darauf die Dekane sowie die beiden Bibliothekare, Sprengel und Wolf, zur Beratung darüber ein, wer für die Stelle des ersten Bibliothekars vorzuschlagen wäre. Da sich, meinte der Prorektor in seinem Schreiben, wohl niemand zu diesem beschwerlichen Amte, besonders wenn es nach der von Sprengel entworfenen neuen Instruktion verwaltet werden sollte, drängen werde, so müsse man vor allem den Mann aus der Mitte der Kollegen zur Annahme der Stelle bewegen, der neben den erforderlichen bibliographischen Kenntnissen auch eine gute Gesundheit besitze, um selbst auf der Bibliothek anwesend sein zu können, und zugleich einen hohen Grad von Liebe zur mechanischen Arbeit habe.     *111,6* Vgl. I 301,38.     *111,13* Diese „Gedanken" sind mitgeteilt von Wolfram Suchier in der Hallischen Universitätszeitung I (1919) 176f. 257-264.     *111,16* Da sich, bemerkt der Prorektor in dem erwähnten Schreiben, von der Ernennung Wolfs zum zweiten Bibliothekar in den Akten nichts finde und ihm dessen Verhältnis zum ersten Bibliothekar ebenso unbekannt sei wie der Punkt wegen des zweiten Schlüssels, so möge sich Wolf darüber äußern.     *111,19* Vgl. hiezu Br. 56.     *111,21* Kanzler der Universität war damals Karl Christoph v. Hoffmann.     *112,4* Subbibliothekar war bis zu seiner Ernennung zum Prof. der Physik (1801) Ludw. Wilh. Gilbert; dessen Nachfolger wurde Joh. Wilhelm Lange.     *112,8* Diese neue Instruktion war von Sprengel entworfen worden.     *112,13* Punkt 2 betrifft die Frage, wem die Stelle des ersten Bibliothekars übertragen werden dürfe. Es ist jedenfalls beleidigend für Wolf, der übrigens nichts dergleichen merken läßt, daß man nicht sofort an ihn als künftigen ersten Bibliothekar denkt.

**260a.** H. = 259a (fol. 42f.).     *112,34* Vgl. zu S. 111,13.     *112,38* Sprengels Instruktion zufolge sollte vom Concilium generale aus den vier Fakultäten eine besondere Bibliothekskommission ernannt werden, die auf bestimmte Zeit oder auf immer dem Bibliothekar bei seinem undankbaren Geschäfte mit Rat und Tat an die Hand gehe. Sie beratschlagt sich mit ihm über die anzuschaffenden neuen in- und ausländischen Bücher. Die Kataloge von wichtigen Auktionen werden ihr mitgeteilt, zur gemeinschaftlichen Überlegung, welche Bücher wohl gekauft werden könnten. Sie prüft, heißt es No. 9 p. 7 die Vorschläge der einzelnen Professoren, ob nämlich die von ihnen verlangten Werke sich für eine öffentliche Bibliothek schicken, ob diese sogleich oder nach und nach anzuschaffen sein dürften.     *112,43* Im Reskript vom 9. März 1802 (Massow) werden die Professoren aufgefordert 1) Vorschläge zur zweckmäßigen Verwaltung der Bibliothek zu machen, 2) den Mann vorzuschlagen, der sich nicht bloß durch seine Kenntnisse und Studien, sondern auch mit Rücksicht auf seine von andern Geschäften ihm freigelassene Zeit am besten zum Bibliothekar eignen würde.     *113,2* Damit wendet sich Wolf gegen die Meinung des Prorektors, daß die vom Concilium decanale entworfene Instruktion als Basis bleiben könne und mehrere sehr gute Vorschläge in Wolfs „Gedanken" (vgl. zu S. 111,13) sich sehr wohl in jene aufnehmen und mit ihr vereinigen lassen. *113,8* Nicht kann der Prorektor Jakob sich davon überzeugen, daß zwei Bibliothekare unabhängig voneinander den Schlüssel zur Bibliothek haben müßten, glaubt vielmehr, daß hiedurch große Unordnung geschaffen werden könnte. Nur Ein Oberbibliothekar solle den Schlüssel haben, den er auf seine Gefahr dem Unterbibliothekar oder einem andern anvertrauen könne. Dem gegenüber verweist Wolf auf seine „Gedanken", wo er ausführt:

> Die Bibliothekare müssen beide in der Hinsicht unabhängig voneinander sein, daß ein jeder von ihnen einen eigenen Schlüssel zur Bibliothek habe, um Einheimische und Fremde, die es außer den gesetzten Stunden wünschen, darauf führen zu können [*so, nicht* führen zu müssen *heißt es an dieser Stelle*]. So ist die Einrichtung überall bei ordentlichen Bibliotheken und kann kaum anders sein. Denn das Publikum würde zu viel dabei verlieren, wenn man bei anderweitigen Amtsverrichtungen oder Krankheiten oder Reisen des Einen den Schlüssel führenden Bibliothekars die Bibliothek nicht sehen und nichts, zuweilen wochenlang, aus ihr erhalten könnte; auf der andern Seite aber wird das Gute, was es dem erste Anscheine nach haben könnte, wenn nur Einer den Schlüssel führte, völlig vernichtet, sobald er, wie bisher die Natur der Sache immer gefordert hat, seinen Schlüssel auf eigene Gefahr jemanden von den Untergeordneten geben muß.

*113,19* Vom Concilium decanale war Wolf zu einer Erklärung darüber aufgefordert worden, zu welchem Behufe er den zweiten Schlüssel zur Bibliothek führe, was nach der entworfenen Instruktion nicht weiter zulässig sei.   *113,22* Über das Münzkabinett vgl. zu I 229,2.

**262a.** *H.* = 259a (fol. 47.48).   *114,7* Vgl. zu S. 111,13.   *114,13* „mehre": vgl. zu II 144,15.   *114,14* Dies gegenüber der Meinung Gilberts, der lange Unterbibliothekar gewesen war, daß der Bibliothekar schwerlich ohne drei Gehilfen fertig werden könne.   *114,23* b) und c) beziehen sich auf Bemerkungen Nösselts.   *114,31* Für die Bibliothekskommission hatten sich manche in ihren Vota erklärt, so auch Gilbert mit der Begründung, daß die zwei- oder vierjährigen Recherchen und Visitationen schwerlich zustande kommen dürften und darum eine Kontrolle der Bibliothekare notwendig sei.   *115,1* g) geht auf Gilberts Frage, ob Dubletten und Tripletten, die aus Unachtsamkeit angekauft wurden, auf Kosten des ersten oder des zweiten Bibliothekars gingen.   *115,4* Vgl. S. 112,2 u. 113,21.   *115,12* k) bezieht sich auf die etwas lahme Erklärung Niemeyers:

> als Mitglied des Dekanal-Concil. ist mein Votum kein anderes gewesen als Herrn Prof. Wolfs Erklärung vor allen Dingen abzuwarten, weil mir wenigstens über das bisherige Verhältnis desselben zu dem ersten Bibliothekar, dessen Kaution usw. gar nichts bekannt war, sich auch nicht einmal in den Akten gehörige Auskunft finden ließ. Dies war auch die Meinung aller Anwesenden, daher weder

mich noch sie der Verdacht einer Anmaßung, ‚Hrn Prof. die Schlüssel streitig zu machen' treffen kann.

*115,19* Vgl. zu S. 112,43.   *115,20* Dem Wunsch des Prorektors und einiger Kollegen, daß Klügel das Bibliothekariat übernehme, hatte dieser Bedenklichkeiten entgegengesetzt: seine gelehrten Arbeiten ließen ihm kaum die Zeit zur Verwaltung der Bibliothek übrig; er sei sehr zufrieden, wenn er damit verschont werden könne. Übrigens hatte der Prorektor schon in seinem Schreiben vom 10. Mai 1802 den Professoren den Vorschlag, Klügel für die Stelle zu empfehlen, mitgeteilt, worauf Wolf mündlich sich dahin geäußert habe, er glaube allerdings als zweiter Bibliothekar den Anspruch auf die erste Bibliothekarstelle zu haben und müsse daher beantragen, daß im Concilium generale eine ordentliche Wahl zwischen ihm und Klügel stattfinde, obgleich er, falls diese zu seinen Gunsten ausfiele, die Stelle nur unter solchen Bedingungen annehmen würde, die allein von Berlin aus ihre Bestätigung erhalten könnten. – Am 29. Mai beschloß das Generalkonzil ihm die erste Bibliothekarstelle anzutragen, die er Tags darauf annahm, überdies wurde nicht Sprengels sondern Wolfs Instruktion über die Bibliothek angenommen. Mit Reskript vom 20. Juli 1802 erfolgte seine Ernennung zum ersten Bibliothekar.

**269a.** *H.* Herausgeber. Ich erschließe als Adressaten Matthaei, der damals den Nemesius herausgab: Nemesius Emesenus De natura hominis Graece et Latine. Post editionem Antverpiensem et Oxoniensem... denuo multo quam antea emendatius edidit et animadversiones adiecit Christian. Friederic. Matthaei, Professor Vitembergensis et collegg. imperiall. Rossicorum assessor. Halae Magdeburgicae 1802. Die „alte Ausgabe" ist entweder die Editio princeps, Anverpiae ex officina Christophori Plantini 1565 oder die Oxonii, ex theatro Sheldoniano 1671 erschienene.

**273a.** *H.* GSchA.   *116,7* Das „kleine Buch" ist Wolfs Ausgabe der Marcellusrede, die er dem Cicero absprach; vgl. zu I 307,20. 347,24.   *116,20* Vom 9. bis 20. Juli 1802 hielt sich Goethe in Halle auf; vgl. I 316,29.

**274a.** *H.* = 259a (fol. 94). – In einer Zuschrift vom 5. Aug. 1802 fordert der Prorektor Jakob die Professoren Sprengel, Wolf und Gilbert auf, einen Tag für den Beginn der Revision und die Übergabe der Bibliothek zu bestimmen.

**274b.** *H.* Herausgeber. – Das Datum nach dem Empfangsvermerk.   *117,3* Zweifellos handelt es sich um die achtbändige in der Weidmannschen Buchhandlung zu Leipzig verlegte Homerausgabe Heynes; vgl. zu I 328,33
*Anschrift:* An Herrn Buchh. Göschen Leipz. fr.

**280a.** *H.* = 129a.    *117,16* Plinii Panegyricus. Rec. notisque illustravit Gli. Erdm. Gierig. Lipsiae 1796. Plinii Epistolarum libri X. Rec. ... Lipsiae 1800. 2 Tomi. – Joh. Benjamin Koppe, Novum Testamentum, graece, cum perpetua annotatione illustratum. Gottingae, Dieterich, 1778-83. Vol. I–IV.    *117,21* Eine neue Auflage des Herodian ist nicht herausgekommen.    *117,29* Das Jahresdatum nach dem Empfangsvermerk.
*Anschrift* = 150b.

**282a.b.c.** *H.* Herausgeber.    *118,6* Vgl. zu I 326,1.    *118,9* Offenbar handelt es sich um das I.-Bl. der ALZ. Nr. 242. 31. Dez. 1802, das ganz der von Göschen vorbereiteten Griesbachschen Prachtausgabe des NT. gewidmet ist. Zuerst ein Aufsatz von Griesbach: Französische und deutsche Versuche, die Form der griechischen Typen zu verschönern in Beziehung auf die Prachtausgabe des griech. NT. Darauf folgt Göschens Ankündigung dieses Werks. Schließlich ehrende Zeugnisse einiger Gelehrten, denen Göschen die ersten Bogen zur Ansicht und Beurteilung vorgelegt hatte: 1) ein gemeinsames Zeugnis, unterschrieben von Paulus, Voß, Schütz, Eichstädt; 2) ein Zeugnis von Herder, 3) von Böttiger.    *118,32* Das heilige Buch der Christen ist Griesbachs Ausgabe des NT. (vgl. zu I 320,13).    *119,4* Zweibrücker Sammlung der alten Schriftsteller, von einer Gesellschaft patriotischer Freunde der Gelehrsamkeit seit 1779 Biponti und Argentorati (hier seit 1798) herausgegeben; von griechischen nur Plato, Aristoteles, Diodor, Lucian, die Erotiker, Herodot und Thucydides.

**282d.** *H* Viscount George Joachim Goschen, London. – Das Jahresdatum nach dem Empfangsvermerk.    *119,33* Thiele, wohl ein Geldgeber in Leipzig. 119,32 Vgl. zu I 326,1.    *120,1* Es ist die Buchhandlung des Hallischen Waisenhauses.    *120,5* Vgl. zu I 354,38.
*Anschrift:* Herrn Buchhändler Göschen zu Leipzig.

**282e.** *H.* Herausgeber.    *120,32* Das Datum nach dem Empfangsvermerk.

**283a.** *H.* GStA.: R. 76 II. Abt. No. 64 (fol. 24). – Für die durch den Tod des Prof. Matthias Sprengel frei gewordene Professur der Geschichte sowie das von dem ehemaligen Professor v. Lamprecht versehene Lehrfach der Kameralwissenschaften hatte die philosophische Fakultät Vorschläge zu erstatten. Ihre Meinung ging dahin, daß die Professur der Geschichte den Herren Voigtel und Voß geteilt zu übertragen, dagegen die der Cameralia nicht neu zu besetzen sei, sondern die Professoren Jakob und Rüdiger, unbeschadet ihres Rechts auf andere Vorlesungen, auch die zum Fach der Kameralwissenschaften gehörigen zu halten hätten. *121,12* Zum Stoff seiner Kollegien hatte Wolf wiederholt gewählt: Fundamenta historiae; Historia universalis ad recentiora usque tempora; Historia antiqua universalis usque ad migrationes barbararum gentium (einmal: Hist. ant. pop. una cum introductione in geographiam); Historia Graeciae insigniorum populorum; Historia Romana; Antiquitates Graecae seu notitia historica vitae publicae privataeque Graecorum; Antiquitates Romanae et iuris antiqui Romani; Privatiss. selecto coetui Notitiam historicam dabit artium antiquitatis earum, quae graphide nituntur, ad Siebenkees compend. (Norimb. 1799); Geographia antiqua. „Die alte Geschichte bei Wolf", berichtet Varnhagen (Denkwürdigkeiten u. Vermischte Schr.² I 1 [Leipzig 1843] S. 367), „war ungemein reichhaltig und anregend, er trug weniger eine Erzählung als vielmehr eine fortlaufende Kritik vor und versetzte die Zuhörer unmerklich in solche Selbsttätigkeit und Mitarbeit, daß man am Schlusse der Stunde sich stets in der heitersten und wärmsten Stimmung, in der angenehmsten Aufregung aller Geisteskräfte fand."

**294a.** *H.* GStA.: R. 76. II. Abt. No. 32 (fol. 40f.): „Anonymische Anzeige de praes. 17. Apr. 3 von verschiedenen in der Franziskaner-Bibl. zu Münster sich befindenden nützlichen Schriften u. Büchern." Verfasser des Schriftstückes ist zweifellos Wolf, der es, ohne sich selbst zu nennen, seiner Tochter Mine, deren Handschrift ich darin mit voller Sicherheit erkenne, in die Feder diktiert hat, da er wohl durch ein anonymes Schreiben an das Oberkuratorium (Minister Massow) umso sicherer seinen Zweck zu erreichen hoffte. Massow wandte sich darauf, jenes Schreiben seinem Wortlaut nach bis auf Einzelheiten wie ein eigenes Produkt genau wiedergebend, an den seit dem J. 1802 mit der Besitznahme und Organisierung der Indemnitätsprovinzen beauftragten Grafen Schulenburg mit dem Ersuchen, ihm mitzuteilen, ob und wo es der Mühe wert sein dürfte, allenfalls durch einen aus Halle abzuordnenden Gelehrten *[sicherlich ist an Wolf gedacht]* eine nähere Auswahl der für die Hallische Universität brauchbaren Werke treffen zu lassen. Wolf selbst hatte sich schon zuvor mit dem gleichen Anliegen in einem nicht mehr vorhandenen Brief vom 27. März an den Grafen Schulenburg gewandt und sich, wie dieser an Massow schreibt, dazu erboten, in den bevorstehenden Ferien eine Reise in jene Gegenden zu unternehmen, um die in den Bibliotheken der aufgehobenen Klöster der Indemnitätsprovinzen befindlichen, für die Universität Halle brauchbaren Bücher auszusuchen. Dies die Antwort Schulenburgs, die sich in dem gleichen Aktenfaszikel (fol. 84) in Abschrift von unbekannter Hand erhalten hat:

P.P.
Ew. Hochedelgeb. geehrtes Schreiben vom 27[ten] d. M. ist ein Beweis des ruhmvollen Eifers, welchen dieselben für die Vermehrung der dortigen Universitätsbibliothek hegen, und es ist mir daher um so angenehmer, Ihnen melden zu können, daß des Königs Majestät mir bereits den Auftrag ertheilt haben, zu seiner Zeit Vorschläge darüber zu thun, ob für die Erweiterung derselben durch die in den aufge-

hobenen Klöstern der Indemnitätsprovinzen vorhandenen Bücher gesorgt werden könne, weshalb sich aber auch bereits andere Königliche Universitäten gemeldet haben, auf welche ich ebenfalls Rücksicht zu nehmen angewiesen bin.

Soviel bis jetzt constirt, scheinen keine großen Litterarischen Schätze in den Bibliotheken der aufgehobenen Klöster vorhanden zu sein. Dies läßt sich indessen noch nicht hinlänglich beurteilen, weil noch überall die Catalogen fehlen, die erst angefertigt werden. Sobald diese beendigt und mir überschickt sind, werde ich solche Ew. H. mittheilen; und können dieselben alsdann die wichtigsten Werke am besten aussuchen. Unter diesen Umständen wird es daher nicht nötig sein, daß Ew. H. jetzt eine Reise in jene Gegenden vornehmen, auch kann die namentlich angeführte Bibliothek des Franziskaner-Klosters in Münster keinen Gegenstand derselben abgeben, weil dieses Kloster noch besteht. Ich verharre mit vorzüglicher Hochschätzung.

Hildesheim, den 31ten März 1803. Ew. H. Schulenburg.
An des K. Oberbibliothekars H. August Wolf zu Halle.

*121,25* Vreden, Stadt in Westfalen, Reg. Bez. Münster. – Royal (Regal=)Folio, Name eines großen Papierformats.

**294 b.** *H.* Univ.-Archiv, Halle: F. 14.    *122,22* Dekan der phil. Fakultät ist Maaß.    *123,3* In der Eingabe der theol. Fakultät wird bemerkt, daß die Anzahl **wissenschaftlicher** Theologen immer kleiner werde und fast an allen Universitäten Not daran sei, weil fast kein junger Dozent sich diesem Fach widme – wie denn auch seit zwanzig Jahren in Halle der Fall sei –, so daß die Besetzung höherer theologischer Stellen immer schwerer werden würde.    *123,19* Dominique Vivant Denon, Voyage dans la haute et basse Égypte pendant les campagnes du général Bonaparte. Paris, an 10 (1802), 2 vol.

**297 a.** *H.* R. 76. II. Abt. No. 72 (fol. 7).    *123,25* Die nachgesuchte Reise (nach Pyrmont; vgl. Br. 303) wurde bewilligt.

**309 a.** *H.* R. 76. II. Abt. No. 102 (fol. 103 f.). Nicht eigenhändig.    *124,13* Ephori der Königl. Freitische sind der Theologe Nösselt, der Jurist Schmalz, der Mediziner Kemme, der Philosoph Eberhard.

**313 a.** *H.* Univ.-Bibl., Göttingen.    *125,4* De prosodiae Graecae accentus inclinatione scribebat Frid. Volg. Reizius. Editio repetita curante Frid. Augusto Wolfio. Lipsiae 1791.    *125,6* Über die Jen. ALZ. vgl. zu I 350,5. 353,5. *125,16* Die zwei Basler Editionen lassen sich nicht feststellen, da im 16. Jhdt allein etwa ein Dutzend Homerausgaben herausgekommen waren.    *125,18* TB. 3. Jan. 1804 schreibt Goethe: „Brachte ich den ganzen Tag im Bette zu." 6. Jan. „Ging Hr. Prof. Wolf nach Halle von hier ab." (Am 28. Dez. 1803 war Wolf nach Weimar gekommen.) 9. u. 10. Jan. „Meistens im Bette zugebracht." An Schiller 14. Jan.: „Ich bin jetzt krank und grämlich."

**314a.** *H.* GStA.: R. 76. II. Abt. No. 102 (fol. 108 f.).   *125,38* Vgl. zu S. *124,13*. *Anschrift:* Au Roi à Berlin.-Univers. S.[achen] Zu Sr. Excellenz d. Herrn Etats Minister von Massow Departement.   Raum gegeben sei hier dem den Akten beiliegenden, in derselben Angelegenheit erstatteten, reichlich eigenartigen Gutachten des Oberkonsistorialrates Hecker in Berlin, der u. a. sich also ausläßt:

Das einzige Mittel, wodurch vorjetzt für die Mitglieder des Seminars eine Verbesserung bewirkt werden könnte, wäre m. E., wenn die Zahl der Seminaristen von 12 auf 8 herabgesetzt und unter diese die für 12 bestimmte Unterstützung verteilt würde. Das hiesige Seminar für gelehrte Schulen zählt ja auch nur 7 bis 8 Mitglieder. Die Hallischen Seminaristen werden überdies äußerst selten sogleich zu Schulämtern befördert, sondern gehen erst in Konditionen oder lassen sich in das hiesige oder ein anderes Seminar aufnehmen. Es wäre also für sie hinreichend, wenn sie in der Regel nur Ein Jahr die philologischen Vorlesungen des Prof. Wolf benutzten, um sich zu ihrer Bestimmung vorbereiten zu lassen. Auf diese Art würde nach und nach eine bedeutende Zahl von Studierenden an dem Unterricht und der Unterstützung dieses Instituts teilnehmen können. Dies würde ich dem Prof. Wolf zur Resolution mitteilen und ihm dabei sagen, daß Ein Hohes Oberkuratorium nicht ermangeln werde, bei jeder in der Zukunft sich darbietenden günstigen Gelegenheit für die weitere Vervollkommnung seines Instituts und für die Aufmunterung und Unterstützung der geschickten und würdigen Mitglieder desselben zu sorgen. Ich kann indessen nicht umhin, bei dieser Gelegenheit freimütig zu erkennen zu geben, daß mir dieses Seminar nicht zweckmäßig organisiert und daher auch für den Staat nicht so nutzbar zu sein scheint, als es bei einer bessern Einrichtung sein und werden könnte. 1) Es ist ein bloß philologisches Seminar. Alle andre Lehrgegenstände, welche doch auch in den Plan gelehrter Schulen gehören, sind von demselben ausgeschlossen. Bloße Philologen aber sind unerträgliche Leute. Sie glauben, das ganze Wohl der Menschheit hänge von der Philologie ab. Als Schulmänner sind sie allein für dies Eine Fach brauchbar. Wissen sie ihre Schüler für dies Fach einzunehmen, so entsteht auch bei diesen eine gewisse Einseitigkeit im Studieren, die ihnen jede andere Lektion unbedeutend darstellt und sie also daran hindert, sich zu ihrem künftigen Geschäftsleben gehörig auf der Schule vorzubereiten. 2) Jedes Seminar muß m. E. allemal mit einer Schule derselben Gattung verbunden sein. Das Hallische Seminar aber steht ganz isoliert da. Zu praktischen Übungen haben die Mitglieder desselben keine Anleitung und Gelegenheit. Kommen sie also sogleich in Schulämter, so fehlt es ihnen ganz an der Geschicklichkeit, aus ihrem Vorrat von philologischen Kenntnissen dasjenige auszuwählen, was zunächst für den Schulunterricht gehört und, was noch bedeutender ist, an Methode. Das Resultat davon ist, daß sie bei aller ihrer philologischen Gelehrsamkeit keinen Nutzen stiften, sondern wohl gar der Schule, bei welcher sie angestellt sind, schädlich werden. Ich wäre also der Meinung, daß bei einem künftigen Abgange des Prof. Wolf dieses Seminar (doch mit einiger Verminderung seines Fonds) mit dem Hallischen Waisenhause und Pädagogium verbunden würde. Dann könnte dasselbe wirklich eine Pflanzschule von geschickten und brauchbaren Lehrern für gelehrte Schulen werden. ...

**315a.** *H.* = 34a.

**316a.** *H* Herausgeber.

**318a.** *H.* = 34a.   *127,34* Jeder „Novitius" der Theologie oder Jura sollte angewiesen werden, während seiner Studienzeit wenigstens sechs Kollegien der philosophischen Fakultät zu besuchen, auf Grund deren er sich beim Abgehen zum Zeugnis seiner Fakultät melden könne, das ihm, falls er jener Verpflichtung nicht nachgekommen, verweigert werden würde.   *128,7* Prorektor ist Eberhard.

**323a. 323b.** *H.* Univ.-Archiv, Halle: B. Nr. 3f. Vol. III.   *128,32* Dies geht auf die Bemerkung von Schmalz, daß vor dem Verkauf der unnützen Bücher nach Hofe berichtet werden müsse.   *128,33* Bezüglich der Dubletten meinte Nösselt, es wäre genau nachzusehen, ob sie auch wirklich zweimal vollständig da seien.   *129,5* Die Dame ist die Witwe des Kriegsrats La Motte, der seine Büchersammlung der Hallischen Univ.-Bibl. durch ein Legat zugesichert hatte (vgl. Br. 321.328).

**323c.** *H.* Herzog-August-Bibl., Wolfenbüttel.   *129,12* Es handelt sich um die vom 1. November 1804 ab erfolgende Versteigerung der Bibl. des Helmstedter Prof. der Geschichte Jul. Aug. Remer († 1803).   *129,15* Mit roter Tinte hat Fleckeisen das Ergebnis der Versteigerung eingetragen. Daraus geht hervor, daß Wolf Passeri und Corsini nicht erhalten hat, trotzdem des letzteren Werk zu den unterstrichenen gehört, und daß Lessings Schrift als einzige über die Taxe bezahlt wurde (17 gr.). Das überlakonische Verzeichnis von der Hand Wolfs gibt wahre Rätsel auf, die sich nur mit Hilfe des in der Herzog August-Bibliothek zu Wolfenbüttel aufbewahrten Auktionskatalogs mit dessen genaueren Angaben der Büchertitel lösen ließen, wobei der Herausgeber sich der dankenswerten Unterstützung des Direktors der genannten Bibliothek, Dr. Wilhelm Herse, erfreuen durfte: J. B. P a s s e r i s Leben der Maler, Bildhauer und Baumeister, welche zu Rom gearbeitet haben und zwischen 1641–73 gestorben sind. Aus dem Italienischen. Dresden u. Leipzig 1786. – P o l y m e t i s: or an Enquiry concerning the Agreement between the Works of the Roman Poets, and the Remains of the ancient Artists, being an Attempt to illustrate them mutually from one another. In ten Books, by the Rvd. Mr. S p e n c e. London, printed for Dodsley. 2. ed. 1755. Möglicherweise wurde Wolfs Aufmerksamkeit auf dieses „berühmte englische Werk" durch Lessings Urteil (Laokoon VII) gelenkt: „Spence schrieb seinen Polymetis mit vieler klassischen Gelehrsamkeit und in einer sehr vertrauten Bekanntschaft mit den übergebliebenen Werken der alten Kunst. Seinen Vorsatz, aus diesen die römischen Dichter zu erklären und aus den Dichtern hinwiederum Aufschlüsse für noch unerklärte alte Kunstwerke herzuholen, hat er öfters glücklich erreicht. Aber demungeachtet behaupte ich, daß sein Buch für jeden Leser von Geschmack ein ganz unerträgliches Buch sein muß." Auch sonst wird Spence von Lessing wiederholt herangezogen und bekämpft. – A n t i q u[ities] of Greece. 8. ed. I, 2. T. London 1764 m. viel. Kupf. (der Verf. ließ sich nicht ermitteln). – Pauli Ernesti J a b l o n s k i, Pantheon Aegyptiorum. Pars 1–3. Francofurti ad Via-

drum 1750–52. – Abrégé de l' histoire de la Ville de Nismes avec la description de ses antiquités et de sa fontaine; par M. [Antoine] Valette de Travessac. 4. éd. Avignon 1760. L' Antichità di Roma, di Andrea Fulvio. In Venezia 1588. – Von dem Zwecke Jesu und seiner Jünger. Noch ein Fragment des Wolfenbüttelschen Ungenannten [Hermann Samuel Reimarus]. Herausgegeben von Gotthold Ephraim Lessing. Braunschweig 1778. – Beweis, daß das Christentum so alt als die Welt sei, nebst Herrn Jacob Fosters Widerlegung desselben. Beides aus dem Englischen übersetzt. Frankfurt u. Leipzig 1741. Verteidigung der Nutzbarkeit, Wahrheit und Vortrefflichkeit der christlichen Offenbarung ... herausgegeben von Jacob Foster. Aus dem Englischen ... 1741 (zusammen in éinem Pergamentband). – Inscriptiones Atticae nunc primum ex cl. Maffei schedis in lucem editae, latina interpretatione brevibusque observationibus illustratae ab Eduardo Corsino. Florentiae 1752. Sämtliche von Wolf erstandenen Werke befinden sich noch heute in der Hallischen Universitätsbibliothek; die gegenüber den Angaben des Versteigerungskatalogs mehrfach berichtigten Büchertitel danke ich der Hilfsbereitschaft des Oberbibliothekars Dr. Bernhard Weissenborn. *129,25* Trotz Umfragen in großen Bibliotheken und bei Lutherkennern ließ sich diese Ausgabe nicht feststellen. Wahrscheinlich handelt es sich um ein Werk, von dem nur eine oder ein paar Lieferungen erschienen waren, die, weil es unvollendet oder gar in den ersten Anfängen stecken blieb, verloren gegangen sind. Eine erste Abteilung ungedruckter Predigten Luthers, herausgegeben von Paul Jacob Bruns, war 1796 bei Fleckeisen in Helmstedt herausgekommen. Vielleicht glaubte Wolf mit oder ohne Recht, daß die Sammlung fortgesetzt würde. *129,35* Joh. Kaspar Velthusen, Catena cantilenarum in Salomonem expressit et modulationis hebraicae notas apposuit. Helmstad. 1786.
*Anschrift:* Herrn Fleckeisen angesehenen Buchhändler zu Helmstädt. Citiss. frey.

**324a.** *H.* = 34a.  *130,9* Zu dem von Maaß verfaßten Aufsatz bemerkte Wolf: „Der oben erwähnte Aufsatz ist den 8 ten Jan. [1805] zum Hrn. Pro Rektor Eberhard geschickt; ich kann ihm aber nicht beitreten, da er der Fakultät eine Norm vorschreibt, die sie nicht wohl im Stande seyn wird zu befolgen, auch im Grunde das Recht, ihren Gradus auszuteilen, halb verliert." Dagegen hatte sich Wolf mit fast allen Professoren den Vorschlägen Klügels angeschlossen: dem Ermessen der Fakultät solle es völlig überlassen bleiben, die Magisterwürde zu erteilen. Wolle der Kandidat hier Vorlesungen halten, sei er hier zu examinieren, habe eine von ihm selbst ausgearbeitete Dissertation zu verteidigen, darauf eine Disputation pro facultate legendi als praeses zu halten. Sollte er bereits auf einer auswärtigen Universität promoviert sein, müsse er sich hier noch ein tentamen oder colloquium gefallen lassen. Die Fakultät müsse befugt bleiben, auswärtigen oder hiesigen Gelehrten, deren Verdienste sie anerkenne, die Magisterwürde zu erteilen. Das honoris causa möchte in der Folge wegbleiben oder nur in sensu stricto et proprio hinzugefügt werden. Die bellaria – bei den Magisterprüfungen war es üblich, daß der Kandidat an der mit den bellaria (τραγήματα), d. i. mit Zuckerwerk, Nüssen, Mandeln, Wein, versehenen Tafel neben den Professoren saß – könnten durch privaten Beschluß abgeschafft werden, ohne daß deshalb nach Hofe zu berichten wäre.

**328a.** *H.* GStA.: R. 76. II. Abt. No. 34 (fol. 60f.). Nicht eigenhändig.

**328b.** *H.* = 34a. Nur einige Zeilen am Schluß eigenhändig, sonst Mine Wolfs Hand.   *131,3*

>Professores publici ordinarii
>Philosophici Ordinis
>in Academia Frideric.[iana]
>s.[alutem] d.[icunt]
>Lecturis.
>
>Humaniss.[imo] Candidato, Augusto Friderico Toepfer, Silesio, petente, ut testimonio confirmaremus nostro, eum in hac Universitate litterarum in studiis occupatum fuisse, nos quidem nihil videmus obstare, quominus voluntati illius satisfieri a nobis legitime possit.
>
>Testamur itaque, nominatum Toepfer, per annum, quem apud nos transegit a 1803 ad 1804, Illustri Schmalzio, partim Ius publicum, partim ecclesiasticum explicanti, tum Ordinis nostri Professoribus, Jacobo Encyclopaediam rerum ad Camaeralia pertinentium et Oeconomiam publicam illustranti, Gilberto autem Chemiam docenti, assiduam operam dedisse, itemque, quod ex propositis litteris intelleximus, quum antea in Erlangensi Academia ageret, a. 1801 Hildebrandtum Physicae experimentalis praecepta dantem audivisse.
>
>Quibus scriptis quo maior accedat fides, chartam hanc, a Decano philosophicae Facultatis subscriptam, publico signo muniri jubebamus.
>
>Halae Sax. d. 23 Octob. 1804.                              Fr. Aug. Wolf

*131,10* Kolbatzky ist Herausgeber des Halleschen Courier (vgl. zu S. 69,16) und des volkstümlichen Unterhaltungsbeiblatts zu diesem „Deutschlands Erzähler".     *131,11* Vgl. Goethe, nat. Tocht. 4,2 (v. 1865) so zweifl' ich fast, ob man mich treu berichtet. – Die zwei nächsten Vorgänger sind Vater und Eberhard.

**328c.** *H.* = 34a. – Dekan Klügel berichtet, daß Joh. Friedr. Raupach (der ältere Bruder des Dramatikers Ernst Raupach), der seit sechs Jahren als Hofmeister in Petersburg tätig sei, sich in absentia um die Magisterwürde bewerbe. Die Fakultät erklärte daraufhin, er könne promoviert werden, wenn er eine Dissertation einsende, die den Beifall der Fakultät finde. Hiezu Wolfs Meinungsäußerung. – Am 14. Okt. 1805 brachte der Dekan Jakob den Fall neuerdings zur Sprache mit der Frage an das Kollegium, ob vor Erteilung der Doktorwürde an Raupach die Genehmigung des Oberkuratoriums nachgesucht werden solle. Er möchte einen

Mittelweg einschlagen und diesem bloß melden, daß Raupach, ein ehemaliger Studierender der Hallischen Universität, der sich sowohl durch seinen Fleiß als durch die eingesandte gelehrte Dissertation empfohlen habe, des Doktorgrades für würdig befunden wurde. Auch hiezu gibt Wolf seiner Meinung Ausdruck (Nr. 363c). Tatsächlich erhielt Raupach am 16. Okt. den gradus doctoris philosophiae „honoris causa".

**344a.** *H.* = 273a.   *132,10* Don Juan Baptista Muñoz, Geschichte der neuen Welt, aus dem Spanischen übersetzt und mit erläuternden Anmerkungen herausgegeben von M. C. Sprengel. 1. Bd. (mehr nicht erschienen) Weimar, im Verlage des Industrie-Comptoirs 1795.   *132,17* Vom 30. Mai bis Mitte Juni 1805 hielt sich Wolf mit seiner Tochter Mine in Goethes Haus auf (vgl. III zu Br. 344).
*Anschrift:* An Herrn Legationsrath Bertuch hies.[elbst] nebst einem Buche.

**360a. 362a.** *H.* = 323a (fol. 92f. 99f.).   *132,22* In einer langatmigen Zuschrift an das Generalconcilium verlangte Dryander, den Wolf einmal einen eigensinnigen Mann nennt, von der Bibliothekskassen-Verwaltung, „die er bisher aus gutem Willen geführt habe", dispensiert zu werden.   *133,1* Unterbibliothekar Lange hatte einen Ruf als ordentl. Professor der griech. Literatur u. Eloquenz nach Rostock erhalten, wollte aber in Halle bleiben, wenn er zu seinem bisherigen Gehalt noch 100 Rthlr. jährlicher Zulage erhielte, die bisher nur 50 Rthlr. betrug. Nicht allein durch die Verdoppelung des Bibliotheksfonds, bemerkt er in einem Schreiben an Minister Massow, sondern auch durch die ersprießlichen Einrichtungen Wolfs als ersten Bibliothekars hätten sich die Amtsgeschäfte mehr als verdoppelt. Durch die häufigen öffentlichen Einladungen Wolfs an die Studenten und dessen Autorität werde die Bibliothek jetzt so häufig besucht, daß die Geschäfte des Ausleihens durchaus keine weitere Arbeit in den öffentlichen Stunden gestatteten.

**362b. 363a.** *H.* Herausgeber.   *134,21* Es sind die von Wolf als Oberbibliothekar der Hallischen Universitätsbibliothek wohl für diese aus der versteigerten Bibliothek Herders erstandenen Bücher gemeint. Der in der Weimarer Landesbibliothek aufbewahrte Auktionskatalog hat den Titel: „Bibliotheca Herderiana. Vimariae 1804." Als Beginn der Versteigerung ist der 22. April 1805 angegeben. Den einzelnen Büchern sind in diesem Exemplar zwar die erzielten Preise, doch nicht die Namen der Ersteher beigefügt.

**363b.** *H.* = 323a. (fol. 83.).

**363c.** *H.* = 34a. – Vgl. zu 328c.

**364a.** *H.* = 34a. – Tieftrunk als Dekan teilt ein Schreiben – dies mit dem „Aufsatz" in Wolfs Votum gemeint – des David Schulz aus Schlesien, „der Theologie und Philosophie beflissen", mit, der um den Doktorgrad mit der Erlaubnis, Vorlesungen zu halten, nachsucht. „Ad Seminarii philologici sodalicium", schreibt er, „benignissime me recepit Vir summus Wolfius, Ordinis vestri decus, a me usque ad cineres omni pietate colendus." Die den Akten beiliegende Dissertation, das „Tentamen", hat den Titel: Specimen dissertationis philologico-criticae, qua Cyropaediae ultimum caput non Xenophontis esse probare conatus est D. Schulz. Am 18. April 1806 erhielt er doctoris phil. et artium liberalium gradum, privilegia et immunitates. Schulz, ein Jugendfreund Böckhs, hat es nachher als Theologe zu hohem Ansehen gebracht.

**371a.** *H.* Felix Meyer, Aachen (nach Abschrift von Dr. Johannes Hennig). Blümner wird des öfteren in Goethes Tagebüchern erwähnt; in seinem Aufsatz „Shakespeare und kein Ende!" gedenkt Goethe „Blümners höchst schätzbarer Abhandlung über die Idee des Schicksals in den Tragödien des Äschylus" (W. A. 41¹,64).     *136,11* Il Museo Pio-Clementino descritto da Ennio Quirino Visconti. Roma 1782–1807. 7 Bde.

**372a.** *H.* Herausgeber.     *136,21* Le antichità di Ercolano (a cura della Reale Acad. Ercolanese). Napoli 1755–92. 9 Foliobde.

**372b.** *H.* = 323a (fol. 146). – Maaß hatte Wolfen den Beschluß des Generalkonzils vom 3. Mai 1806 mitgeteilt, daß die vom Vizegouverneur von Livland, Herrn v. Beer, der Universität geschenkten 100 Rthlr zum Besten der Bibliothek, und zwar zur Vervollständigung des Herculanums (vgl. S. 136,21) verwendet werden sollten.     *136,27* König von Neapel ist Ferdinand IV. (1751–1825). *137,2* Am 27. Dez. 1805 dekretierte Napoleon die Absetzung der Dynastie der Bourbonen. Als die Franzosen unter Josef Bonaparte heranrückten, flüchtete der Hof nach Sizilien (15. Febr. 1806), das Ferdinand IV. – dies die abgesetzte Majestät von Neapel und Sizilien – behauptete. Unter blutigen Kämpfen nahm Josef Besitz von der Neapolitanischen Krone (30. März).

**374a.** *H.* = 309a (fol. 147f.).     *137,21* Prorektor ist Eberhard.     Im Anschluß an dieses Schreiben mögen drei der Anstellung Bekkers beim philologischen Seminar vorangehende Schriftstücke hier ihre Stelle finden (*H.* = 309a. fol. 125. 130. 141):

## 1) Bekker an Massow.

Halle d. 11 Febr. 1806.

Hochgeborener Herr,
Hochgebietender Herr Etats-Minister,
In ehrfurchtsvollem Vertrauen auf die huldreichen Gesinnungen, die das Vaterland in dem erhabenen Vorsteher der National-Erziehung dankbar verehrt, wage ich, unbekannt wie ich bin, Ew. Excellenz eine Bitte vorzutragen, deren Gewaehrung mich in den Stand setzen würde, dem Staate einen Theil der Schuld zu entrichten, die er durch Unterstützung meiner Studien auf mich geladen hat, und nützlich zu werden auf die Art, die nach sorgfaeltiger Selbstprüfung, meiner Neigung und Faehigkeit am entsprechendsten scheint.

Der M.[agister] Thilo, der jetzt dem Rufe Ew. Excellenz nach Frankfurt folgt, hat bisher einige Vorbereitungs-Lectionen im hiesigen philologischen Seminar gehalten, und damit verbundene Vortheile genossen. Diese Lectionen wünsche ich mir. Des besten Willens, sie gewissenhaft und zweckmaessig zu ertheilen, bin ich mir bewusst: über meine Competenz geziemt mir kein Urtheil. Nur vergoenne mir Ew. Excellenz zu erwaehnen, dass ich auf der Schule einen Gedike und Spalding, auf der Universitaet einen Wolf zu Lehrern gehabt; dass ich deren Unterricht lange und angestrengt benutzt, und dass ich besonders auf des Geh. Raths Wolf Zeugnis mich mit einiger Zuversicht berufen darf, da ich waehrend meiner drei akademischen Jahre, wovon ich drittehalb Mitglied des Seminars gewesen bin, ihm naeher bekannt zu werden das Glück gehabt habe.

Moege Ew. Excellenz geruhen, über mein Gesuch bald moeglichst zu entscheiden, und moege ich des Wunsches theilhaftig werden, dem Vaterlande die Kraefte zu weihen, die ich dem Vaterland verdanke.

Ich verbleibe in tiefster Ehrerbietung
Ew. Excellenz
unterthaeniger
der Candidat AE Bekker
aus Berlin.
(im Schiffschen Hause)

## 2) Massow an Wolf.

Berlin, 8. März 1806.

Bei dem Gewichte, welches ich auf Ewr. Wohlgeb. Empfehlungen zu legen gewohnt bin, finde ich kein Bedenken, dem Studiosus Bekker das durch den bevorstehenden Abgang des Prof. Thilo vakant werdende Gehalt der 100 Rthlr zu konferieren, und behalte mir auch vor, fernerhin für denselben zu sorgen, wenn er, welches indessen keinem Zweifel unterworfen zu sein scheint, den Erwartungen, die er erregt, auch für die Folge entspricht. Ebenso geneigt bin ich auch, Bekker in nähere Verbindung mit dem philologischen Seminar, und zwar in der Art zu setzen, wie solches von Ihnen in Vorschlag gebracht worden, da ich mich überzeugt halte, daß durch eine hierunter zu treffende schickliche Anordnung verschiedene Mitglieder des Instituts wohl beraten, dem jungen Mann aber die nähere Verbindung, in welcher er mit Ewr. Wohlgb. bleibet, von großem Nutzen sein würde.

Ehe indessen hierüber etwas Offizielles verfügt werden kann, ist es sowohl für den gegenwärtigen Fall als für die Zukunft notwendig, daß Bekker die vorschriftsmäßigen Specimina bei der Universität ableget, um unter die Zahl der Privatdozenten aufgenommen zu werden. Ewr. Wohlgeb. ersuche ich daher, Bekker zu veranlassen, die deshalb nötigen Schritte zu tun, und ich hoffe, daß in Betreff der hiermit verbundenen Kosten mit Rücksicht auf die ausgezeichneten Kenntnisse und Talente des Aspiranten diejenige Ermäßigung stattfinden werde, welche die Umstände nur irgend gestatten.

Übrigens muß ich schon deshalb darauf bestehen, daß Bekker die Laufbahn der akademischen Dozenten auf die bezeichnete Art antrete, da ich schon verschiedene junge Männer auf ähnliche Art beschieden habe und durch eine Abweichung von dieser Norm zu sehr von Zudringlichen behelligt werden würde. –

3) Bekker an Massow.

Halle 14. Mai 1806.

Hochgeborener,
Hochgebietender Herr Staatsminister,

Ew. Excellenz haben geruht, um die Mitte des Maerz in einem Briefe an den Geh.R. Wolf, die Stelle des M.[agister] Thilo und den damit verbundenen Gehalt von hundert Thalern mir zu conferiren. Ew. Excellenz schienen meine Promotion zu einer Bedingung zu machen: so gern ich diese verschoben haette, so verpflichtet glaubte ich mich, dem erleuchteten Willen Ew. Excellenz meine Wünsche aufzuopfern. Nachdem ich also, wie das beiliegende Diplom ausweist, die Doctor-Würde angenommen habe, bleibt mir nichts übrig, als Ew. Excellenz unterthaenig zu bitten um die Ausfertigung dessen, was Sie mir zuzusichern die Gnade gehabt haben. Ich würde dann meine Vorlesungen gleich mit dem Junius anfangen koennen, wo der Gehalt des M. Thilo erledigt wird.

Ehrfurchtsvoll empfehle ich mich Ew. Excellenz hoher Protection, und verbleibe

Ew. Excellenz unterthaeniger
AE Bekker

Im Catalogus praelectionum publice privatimque in Academia Regia Fridericiana per hiemem anni 1806 inde a die XX. Octobr. habendarum ist bereits zu lesen: A. E. Bekker, D., Seminarii philologici Reg. Inspector, libellos Luciani ex edit. Wolfii bis per hebdomadem hor. XI–XII publice explicabit selecto coetui auditorum, qui prius nomina dederint apud Directorem Seminarii eiusdem. Diese Vorlesung ist aber nicht zustande gekommen, da die Universität nach Besetzung Halles durch die Franzosen bereits am 20. Oktober geschlossen wurde, die Studierenden die Stadt verlassen und in ihre Heimat zurückkehren mußten.

**374b. 375a.** *H.* = 323a.

**379a.** *H.* Univ.-Akten, Halle: U. Nr. 19, Vol. I. – Prorektor Maaß richtet an die Professoren die Frage, ob an Minister Massow noch eine Vorstellung namens der Universität abgehen solle, nachdem er ihn bereits in einem Privatschreiben über die traurige Lage der Universität nach dem Eindringen eines französischen Armeecorps in Halle unterrichtet habe. Hierzu bemerkt Wolf das im Text Stehende. Im Generalkonzil vom 26. Nov. 1806 wurde hierauf zur Besorgung aller Angelegenheiten der Universität ein Ausschuß gewählt, dem auch Wolf angehörte. Mehrere Stimmen drangen darauf, ein Schreiben an Marschall Berthier gelangen zu lassen. Nach Wolfs Überzeugung sei jetzt kein solcher Schritt zu tun: „Ich lasse mir gern gefallen, was den meisten gefällt; eine Notwendigkeit, worein man gleich vom Anfange dieser bösen Sachen gesetzt worden ist. Ohnehin ist ja die rechte Zeit zum Handeln – worauf alles ankam – seit 3–4 Wochen ganz zu Ende." Am 3. Jan. 1807 erklärt er: „Da ich mehrere Schritte für die Universität vergeblich gethan habe – mehrere, als zu erwähnen der Mühe werth ist – so bitte ich, mich von izt an von allem zu dispensieren, was irgend darauf Bezug haben kann."

**383 a.** *H.* = 279 a. (von Mine Wolfs Hand; nur die Unterschrift eigenhändig). *139,33* Hiezu bemerkt Maaß: „1) Der vorgeschlagene Weg, die Banco-Obligationen zu realisieren, wurde unpraktikabel befunden. 2) Die Schritte waren größtenteils schon geschehen."

**390 a.** *H.* GSchA. unter den an Bertuch gerichteten Briefen Wolfs; daß aber Bertuch in Weimar der Adressat sei, ist nach dem ganzen Inhalt des Briefes durchaus unwahrscheinlich. Er betrifft die Überreichung der Prachtausgabe Homers an den Marshall Bernadotte durch Wolf, der angeblich zuvor, wie dies Voigtel verbreitete, das Dediktionsblatt an den König von Preußen von dem Buchbinder und Bibliotheksaufwärter Bölicke habe herausnehmen lassen (vgl. zu Brief 383. 384).

„Wolfius noster", schreibt einigermaßen schadenfroh Froriep an Paulus (Halle, 3. Febr. 1807), „ist in einen sonderbaren Handel verwickelt. Man beschuldigt ihn, er habe aus einem Prachtexemplar seines Homers, das der König an die Universität geschenkt hat und welches er (Wolf) dem Marschall Berthier (*lies* Bernadotte) schenken wollte, er habe aus diesem Exemplar die Dedikation an den König ausgeschnitten und so seinen Herrn verleugnet wie weiland Petrus. Wolf erklärt dies für Erfindung, Verleumdung und hat den Professor Voigtel gerichtlich belangt, der die Erzählung zuerst (nach Aussage des Buchbinders, der die Dedikation auf Wolfs Verlangen ausgeschnitten haben sollte), wiedererzählt hat. Auf jeden Fall wird Wolf einiges Ridicul schwer vermeiden können, wenn das Protokoll bekannt wird" (Paulus u. seine Zeit... dargestellt von Alexander Freiherrn v. Reichlin Meldegg. Stuttgart 1853. I 370).

**401 b.** *H.* Herausgeber. *140,22* Diesen „vor ein paar Monaten geschriebenen ausführlichen" (mir nicht zugänglichen) Brief glaube ich nach den Angaben des Katalogs der Sammlung Bovet sicherstellen zu können: „Lettres autographes composant la collection de M. Alfred Bovet décrites par Étienne Charavay (Paris 1887): No. 1039, Wolf, F. A., L.a.s.; Halle, 15 mars 1807, 8 p. in 4. Importante lettre à un éditeur *[zweifellos Göschen]* toute relative à une nouvelle édition des oeuvres d' Homère qui doit paraître accompagnée de ses commentaires. Longs détails relatifs à l' impression, aux illustrations etc. Il désire qu' on en publie en même temps une édition à bon marché pour les écoles."

**418 a.** *H.* Herausgeber. – Es handelt sich um das von Wolf und Buttmann herausgegebene Museum der Altertumsw., das mit Wolfs Darstellung der Altertumswissenschaft nach Begriff, Umfang, Zweck und Wert eröffent wird. Auf dem Umschlagblatt des ersten Stückes des Museums ist folgende von Wolf verfaßte Ankündigung (Nov. 1807) der von Reimer geleiteten Realschulbuchhandlung zu lesen:

> Dies Museum, eine Unternehmung mehrerer dazu verbündeten Gelehrten, soll in unserm Verlage so erscheinen, daß immer drei oder vier Stücke ... einen Band ausmachen. Die Herausgabe in besondern Heften soll dazu dienen, daß einzelne Abhandlungen und Aufsätze ihren Weg früher ins Publikum finden mögen; die Stärke der Hefte aber wird von der Bequemlichkeit abhangen, welche die Aufsätze durch ihre Länge an die Hand geben... Inhalt und Gegenstände der Beiträge lassen sich aus der Abhandlung dieses Einleitungsstückes deutlich genug abnehmen; die Form bleibt dem Urteil der Verfasser ganz überlassen, nur daß keine sich als Rezension ankündigende Beurteilungen neuer Schriften aufgenommen werden. Übrigens werden von Zeit zu Zeit auch lateinische Hefte mit besonderem Titel erscheinen, jedoch von gleichem Zweck wie die deutschen.

*141,31* Schleiermacher, Herakleitos von Ephesos, dargestellt aus den Trümmern seines Werkes und den Zeugnissen der Alten (IV. Abh., S. 313-533). – Über das Pantheon von A. Hirt (III. Abh., 2. 148-294; dem Aufsatz sind 3 Kupfertafeln am Schlusse des Bandes beigegeben).

**421 a.** *H.* Herausgeber.    *142,7* Vgl. zu II 26,20.    *142,10* Vgl. zu II 25,19. *Anschrift:* Herrn Cons.[eils] Rath Busse zu St. Petersburg nebst 2 Exx. Museum u. allerlei a.[ndern] S.[achen]

**439 a.** *H.* = 390 a.    *142,18* „Die Mittwochsgesellschaft, eine Gründung des allzeit geschäftigen Feßler, war Nachfolgerin der altersschwach gewordenen Montagsgesellschaft [vgl. zu Br. 505, III 182], in der einst Lessing und Mendelssohn sich begegnet waren. Im englischen Hause traf man sich" (W. Dilthey, Leben Schleiermachers[2] I [Berlin 1922] 267).

**457 a.** *H.* Joachimsthalsches Gymnasium, Templin.

**462 a.** *H.* = 457 a. (Die ersten fünf Absätze nicht eigenhändig).

**463 b.** *H.* GStA.: Acta betr. das Joachimsthalsche Gymn. zu Berlin. Vol. I (nur die Schlußworte „Verehrungsvoll ... Wolf" eigenhändig.)    *144,17* Dieses Schuldirektorium bestand aus fünf Mitgliedern, dem Geh. Finanzrat v. Neuhaus, Kammergerichtsrat Friedel, Kriegs- und Domänenrat v. Koenen, Kammergerichtsrat Graf v. Carmer, Geh. Forstrat Lemcke. Sein Wirkungskreis war, seitdem Wolf zum Visitator des Gymnasiums ernannt war, bloß auf das Verwaltungswesen eingeschränkt. Am 12. Mai 1809 befaßte sich nun das Schuldirektorium mit dem Antrag des Professorenkollegiums, den Alumnus Sachse, „der zur 1. Klasse gehört, reformierter Konfession ist und Theologie studieren will" (vgl. dazu Wolfs Worte S. 144,30), ins seminarium theologicum aufzunehmen, da er der damit verbundenen Wohltat durch seinen rühmlichen Fleiß und seine untadelhafte Aufführung ebenso würdig als bei seinen beschränkten Vermögensverhältnissen bedürftig sei. An den theologischen Übungen des seit 1730 am Gymnasium bestehenden Seminars hatten nämlich Alumnen aus der obersten (ersten) Klasse teilzunehmen, die Theologie zu studieren beabsichtigten. Sechs von den Mitgliedern, die das beste Zeugnis erhielten, sollten vom Direktorium zur Aufmunterung von der Zahlung der jährlichen Stubenmiete (15 Rthlr) und dem Holzgelde (4 Rthlr) befreit werden. Seit 1800 bestand dieses Seminar, das es wegen schwachen Besuchs niemals zu rechter Blüte gebracht hatte, nur dem Namen nach und verschwand schließlich ganz (vgl. Erich Wetzel, die Geschichte des Königl. Joachimsthalschen Gymnasiums 1607–1907. Halle a. S. 1907, S. 274f.   *144,39* Vgl. Nr. 458.   *145,12* Wolfs Schreiben beantwortete Humboldt (Königsberg, 17. Juni 1809) folgendermaßen, wie ich dies den Akten entnehme:

> Die Sektion des öffentlichen Unterrichts hat mit Vergnügen aus dem von Ew. Wohlgeboren eingereichten Gutachten vom 9. huj. ersehen, welche Vorschläge Dieselben bei der ins Auge fallenden Unzweckmäßigkeit eines theologischen Seminarii bei dem Joachimthalschen Gymnasium gemacht haben, um Schülern, welche sich durch Fleiß und gute Aufführung besonders auszeichnen, eine außerordentliche Belohnung zu gewähren. Da jedoch der jetzige Zustand der Kasse des Gymnasii dies nicht für mehrere Schüler auf einmal in Gang zu bringen erlaubt, so muß die Ausführung dieses sonst äußerst beifallswürdigen Plans für jetzt ausgesetzt bleiben. ... Was übrigens Ihr Verhältnis zu dem Gymnasium betrifft, so ist die Meinung der unterzeichneten Sektion, daß Sie nur dann nützlich wirken können, wenn Sie vollkommen freie Hand haben, und hierzu hat sie teils schon das Nötige vorbereitet, teils wird sie das noch nicht gehörig Bestimmte noch ferner festsetzen. Euer Wohlgeboren Verhältnis läßt sich auf keine Weise mit dem des ehemaligen Visitatoris [Merian] vergleichen, da dieser dem Schuldirektorio untergeordnet gewesen, Sie dagegen, da einmal das Direktorium für jetzt noch bestehen soll, zum Mitgliede desselben erklärt worden sind. Sie hängen also in keiner Art von demselben ab, und die Lehrer nebst dem Direktor sind gänzlich und ohne Ausnahme an Ihre Verfügungen gebunden. Auch die Grenzen Ihres Wirkungskreises können nicht zweifelhaft sein, da Ihnen ausschließlich alle innern Angelegenheiten, insofern sie Unterricht und Disziplin betreffen, übertragen sind. ... Von allen angezeigten, Ihnen ausschließlich übertragenen Angelegenheiten haben Sie dem Direktorium schlechterdings weder Kenntnis noch Rechenschaft zu geben, sondern allein der unterzeichneten Sektion, und auch dieser nur in denjenigen Fällen, welche der Natur der Sache und allgemeinen Prinzipien nach zur Kenntnis einer Oberbehörde gehören, z. B. bei Besetzung von Lehrstellen, Veränderungen des ganzen oder des größten Teils des Lehrplans, wesentlicher Abänderungen der bevorstehenden Gesetze usw. In Fällen, wo eine von Ihnen gewünschte Einrichtung mit den Externis kollidiert, wenden Sie sich jedoch als Mitglied an das Direktorium und überlassen es diesem, ob es die Sektion zu Rate ziehen will oder nicht. Die Lehrer und der Direktor des Gymnasii werden von der unterzeichneten Sektion heute angewiesen, sich in allen Unterricht und Disziplin betreffenden Dingen allein an Sie zu wenden und Ihren Verfügungen unbedingt Folge zu leisten. Wie viel Freiheit Sie ihnen nun lassen, in welchen Fällen Sie ihnen Anfrage bei Ihnen zur Pflicht machen und welchen Geschäftsgang Sie mit Ihnen einführen wollen, überläßt die Sektion gänzlich Ihnen, da sie das Zutrauen zu Euer Wohlgeboren hat, daß Sie zwar auf der einen Seite Ordnung erhalten, auf der

andren aber dem nur zu sehr bei dem Gymnasium eingerissenen Gebrauche weitläufiger schriftlicher Verhandlungen Einhalt tun werden. Auch braucht die Sektion bei Ihren bekannten Gesinnungen Ihnen nicht die Erhaltung eines guten und freundschaftlichen Benehmens mit und unter den Lehrern besonders zu empfehlen. ... Die unterzeichnete Sektion benutzt nur noch diese Gelegenheit, Ew. Wohlgeboren zu bezeugen, mit welchem Vergnügen sie den heilsamen Erfolg bemerkt hat, welche die von Ihnen in Vorschlag gebrachten Veränderungen schon jetzt bei dem Gymnasium hervorgebracht haben.

Gleichzeitig schreibt Humboldt an den Direktor und die Professoren des Gymnasiums, er hege zu ihnen das Vertrauen, daß sie sich freuen werden, unter der Leitung eines Mannes von so ausgebreiteter Gelehrsamkeit und so anerkannten Verdiensten ihre wohltätigen Bemühungen nur noch zweckmäßiger als bisher fortsetzen zu können.

**468 a.** *H.* = 457a (nur die Unterschrift eigenhändig).
*Anschrift:* An Herrn Director Snethlage Wohlgeb.

**471a. 475a.** *H.* = 457a.   145,29 „befehligt war", Latinismus: iussus eram.

**475b.** *H.* = 22. – Datum nach dem Empfangsvermerk.
*Anschrift:* Herrn Buchhändler Fink hies.[elbst]

**478a.** *H.* = 495. – Datum nach dem Empfangsvermerk. Von Uhdens Hand beigeschrieben: „Wolf will den 18 ten d. M. seine Vorlesungen anfangen von 1–2 Uhr." – Im folgenden sei die in körniges, wohlklingendes Latein gefaßte Ansprache Wolfs wiedergegeben, die er im November 1809 zur Einleitung seiner Berliner Vorlesungen an die Zuhörer richtete. Sie liegt in Wolfs eigenhändiger Niederschrift vor und verdient es wohl aus dem Kerker seines bänderreichen Nachlasses ans Licht gezogen zu werden:

*Aristophanis Nubium explicatio familiaris conscripta*
*ex duabus praelectionibus Frid. Aug. Wolfii*

Redeo nunc ex longo intervallo ad veterem lectionum habendarum consuetudinem, quam melioribus temporibus et ab ipsa adolescentia mea ita adamaveram, ut saepe ingratum esset, si quando ea mihi vel per integrum mensem frui non liceret. Iam vero ferias egimus plus trium annorum, satis infaustas, et quae mihi adeo metum iniiciunt, ne eam, quae antea fortasse in me fuerat, rationem aliquam docendi, aut admodum minuerint aut plane ademerint. Ac sentio me hodie non leviter commoveri et ex vultu Vestro aliquid sollicitudinis ducere. Hoc et olim fere in ordiendis novis lectionibus experiri solebam, nunc experior multo magis, quum tot circa nos res mutatae sint atque adspectus ipsius huius loci, in quo convenimus, oculis meis nova omnia et insolita obiiciat. Quare magnopere vereor, ne mihi apud vos eveniat, quod oratori cuidam Rhodio, qui eloquentiae famam apud suos consecutus, Athenas quum venisset ibique orationem haberet, pingui illo et Asiatico ore ita eruditas Atheniensium aures offendit, ut fama prius collecta apud peritissimum quemque periclitaretur.[1] Ita ego generi docendi assuetus sum minime artificioso, quod nonnisi praecipuas et scitu dignis-

---

[1] Der rhodische Redner ist wohl Molon, doch konnte ich die Klassikerstelle nicht auffinden, die Wolf hier, wie es scheint, vor Augen hatte.

simas res breviter et quotidianis verbis persequitur, quodque longe remotum est ab omnibus compositae orationis lenociniis; tale autem genus placere vix poterit auditoribus, qui hac in urbe semper novarum et exquisitissimarum rerum copiam non sine ornatu prolatam a publicis doctoribus exspectare consuerunt. Una res est, quae mihi sollicitudinem quodammodo minuit. Plures video huc convenisse, quos alio iam tempore et loco auditores habui, et qui sese tum a me nonnihil putarent adiutos ad optimorum studiorum viam ingrediendam. Hos igitur Vestrum rogaverim, ut totis animis in illam prioris aetatis iucundam memoriam redeatis, ceteros autem, ut similem sensum et affectum induatis – neque enim iniucundum est aliquando parumper adolescenturire – sic fiet fortasse, ut, si minus nova aut libro digna audieritis, tamen hae auditiones vobis non supervacaneae videantur ad multa utilia recordanda, forsan etiam interius cognoscenda.

Delegi autem nunc explicandum Vobis facetissimum poetam, Aristophanem, ut consilio, quod mihi erat, proludendi severioribus doctrinis, ipsius poetae ludus responderet. Et primum tractabimus fabulam Nubium, utpote unam de praestantissimis et quae priscae Comoediae virtutes et vitia maxime ob oculos ponit, neque a nostrorum temporum ingenio nimis aliena est. Ex reliquis enim Aristophanis fabulis aliae ad nostrum sensum minus sunt aptae, ut Vespae et Aves, aliae, ut Lysistrata, ut Ecclesiazusae, spurcis verborum et rerum obscoenitatibus publice certe docentem deterrent. Has vero Nubes gravissimus quondam vir, Ernestius, Lipsiae saepe explicavit, easdemque vertere non erubuit mulier Gallica notae pudicitiae et puellari aetate Anna Fabri.[1] Hoc nobile par[2] auctoritate sua et exemplo nos, opinor, satis tueretur adversus malevolorum iudicia, si id genus iudiciorum hodie cuiquam admodum metuendum esset. Ceterum dixit nescio quis, Latine neminem erubescere; ergo ad hanc quoque rem, sicut ad alias nonnullas, utilis nobis erit lingua, qua utemur, Latina. Non refugiam tamen ibi etiam vernacula uti, ubi aliquid per eam melius aut planius explicari posse videbitur. Talia enim multa hic occurrere interpretanti, facile apparet.

Sed antequam ad ipsam interpretationem fabulae aggrediar, delibanda nobis sunt nonnulla, quae vulgaris Universitatum mos Prolegomena vocat. Ita hac quoque re proludemus scilicet iustis praelectionibus, simulque efficiemus, ut nemo non instructior necessariis notitiis accedat ad miras et peregrinas rerum species contuendas.

## Auch eine kürzere Fassung dieser Einleitung liegt im Konzept vor:

Redeamus nunc ad veterem consuetudinem Latinarum habendarum lectionum antiquitus receptam illam in Academiis prope omnibus. Cuius rei novitate, quae hodie est, nolite, Auditores, deterreri ab re longe utilissima. Hanc autem duplicem utilitatem cito percipietis ipsi, si modo per unum alterumque mensem mihi Latinas aures et pertinax studium adhibere volueritis, neque defatigari, si quid quem forte praeterierit eorum quae dicam. Id quidem ego curabo, ut auditio Vobis minimam molestiam creet. Uti enim Germanice loquens nihil nisi quotidianum sermonem usurpare soleo, ab ambitiosa et periodica oratione admodum diversum, ita Latine loquens faciam etiam multo studiosius. Lentius loquar. Agite igitur, Cives dilectissimi, quin etiam nonnumquam barbarismi[3] levem speciem non reformidabo, ubi ea consuli perspicuitati videbitur. Itaque sic vos vicissim comparate, ut spem et

---

[1] In dem dieser Rede beiliegenden Konzept ist der Satz so gefaßt: „easdemque vertit pudicissima puella, Dacieria, quam postea Dacierius uxorem duxit." Für „Anna Fabri" schrieb Wolf zuerst: „Tanaquillis Fabri filia." Gedacht ist an Anne, Tochter des gelehrten Tanneguy Lefèbre (lat. Tanaquil Faber), Gattin des Philologen André Dacier. Ihre Aristophanes-Übersetzung veröffentlichte sie im Alter von dreißig Jahren (1684).
[2] Hor. Sat. II 3,243.
[3] aR. Germ. [anismi]

exspectationem de vobis meam ne frustremini. Ita fiet, ut ego alacrior etiam ad reliquas quoque praelectiones simili modo habendas accedam, ut quas proxima dierum hebdomade auspicabor.

Hodie quidem ordimur a Prolegomenis in Aristophanem.

**488 a.** *H.* = 495.

**488 b.** *H.* Akten der preuß. Ak. d. W. Ab. III. Nr. 6. Vol. 6. p. 122 d. – *D.* (teilweise) Harnack, Gesch. der pr. Ak. I 2, S. 578².

**502 a.** *H.* Herausgeber.     *147,30* Es ist ein Exemplar des Museums der Altertumswissenschaft, auf dessen Verbreitung im Ausland Wolf bedacht ist.

**503 e.** *H.* = 22 a.     *148,6* Vgl. zu II 122,6. Der Grammatiker Herodian ist Sohn des Apollonios Dyskolos, den Wolf hier auffallenderweise Herodianus Dyscolus nennt.     *148,7* Auf zwei mir vorliegenden, wohl für Reimer bestimmten Blättchen findet sich folgende Niederschrift von der Hand Wolfs: „Orion Lex. etymol. fürs Mus. Lat., aber auch sogleich einzeln verkäuflich. – zu drucken so, daß es spätestens zu Ostern erscheint, und dem 15 ten April fertig ist. – Honorar. für den Bogen 3 Frddor, theils Text, theils Noten. W." „Der Titel wird seyn Etymologicon parvum sive Orionis Thebani de etymologiis. Cura P. Henr. Larcheri et F. Aug. Wolfii p W." Doch hat Wolf dieses Lexikon niemals selbst ediert; vgl. zu II 66,23. 196,11.     *148,11* So ist Bekkers Ausgabe der Schrift des Apollonios Dyskolos zuerst im Mus. antiq. stud. 1811, darauf als Sonderabdruck 1813 erschienen.     *148,17* Böckhs Abhandlung „Über die Versmaße des Pindars im Mus. der Altertumsw. II 167–362.

**508 a.** *H.* Herausgeber.     *148,26* Vgl. zu II 35,30.     *148,34* Vgl. zu II 122,6.

**518 a.** *H.* = 398.     *149,7* Wohl die Vorlesung über ein Wort Friedrichs II. von deutscher Verskunst.

**523 a.** *H.* = 229 a.     *149,15* Heinrich, damals Prof. an der Universität Kiel, den ich als Empfänger dieses Briefes erschließe, wollte offenbar durch Wolfs Fürsprache die Stelle des am 7. Juni 1811 verstorbenen Spalding am Gymnasium zum Grauen Kloster in Berlin einnehmen (vgl. auch II 133,34).     *149,18* Karl Heinrich Ludwig Giesebrecht war Mitglied des Wolfischen Seminars in Halle gewesen.     *149,29* Rektor der Kieler Stadtschule war seit 1810 Hans Jürgen Stubbe. Von seinen Programmabhandlungen kämen in Frage Über die Berufsfähigkeit des Schulmanns (1810); Zufällige Ergießung über Schulmethode und Schulgeist (1811).     *149,36* Im WS. 1811/12 hielt Wolf folgende Vorlesungen: Über die 3 bis 4 ersten Bücher der Ilias, priv. u. publ. für die Hälfte, 67 Zuhörer; philologische Enzyklopädie, priv. etc., 31 Zuhörer. *149,37* Als Redner der Universität trat Böckh zum ersten Male am 3. August 1812 auf. *149,38* Vgl. Br. 480. 484. 487. *149,40* Hor. Carm. I 4,15 Vitae summa brevis spem nos vetat incohare longam.

**529a.** *H.* Herausgeber. *150,8* Körte sollte wohl zu einem Diener verhelfen an Stelle des infolge Krankheit oder aus anderem Grunde nicht mehr verwendbaren. *150,12* Zeitung für die elegante Welt.

**572b. 573a.** *H.* = 273a. *150,22* Vgl. zu II 202,16. *150,27* Jedenfalls Karoline Ulrich, Riemers Braut (vgl. zu II 202,34). *150,29* Vgl. II 180,2 u. Br. 584.

*Anschrift* (573a, nicht eigenhändig): Herrn Prof. Riemer Wohlgebohren in Weimar. frei.

**583a.** *H.* Herausgeber. *151,18* Vgl. Goethe, Sankt Rochus-Fest zu Bingen. Am 16. August 1814 (W. A. 34¹, 1–45). *151,20* Die Abkürzung T. T. kann ich nicht deuten. *151,21* Vgl. II 185,22. 186,21. 188,5. *151,22* Der Professor aus Weilburg ist Wolfs ehemaliger Schüler und Mitglied seines Seminars, Joh. Philipp Krebs (vgl. I 210,5).

**586a.** *H.* = 539. [*151,31* Vgl. II 192,35. – R. K.]

**601a.** *H.* Herausgeber. – Lit. Anal. I 101ff. veröffentlicht F. J.[acobs] ein Epigramm, das also anfängt:

Ἡ γενεῇ δόξῃ τε καὶ ἐν Μούσῃσι Τύριννα
  ἔξοχος ἡ πάσης ἄκρα φέρουσ' ἀρετῆς

und dessen 8. Vers lautet: λειτὴ τοὐμὸν ἔχει σῶμα λαχοῦσα πέτρη. Es wurde im J. 1812 von G. Renouard in Samos gefunden und im Mus. ant. Cantabrig. I 350 abgedruckt. In den beigefügten Anmerkungen verteidigt Jacobs die Lesart Τύριννα, korrigiert λειτή in λιτή und bemerkt: „λιτὴν πέτρην Britannus editor interpretatur *a rude stone or rock. Et simplicem* significat et *exiguum*". Von weiteren Veröffentlichungen der Inschrift seien genannt: Böckh, CIG. II 2258; Jacobs, Anthol. gr. III 398; Kaibel, Epigr. gr. 224; Cougny, Anthol. Pal. III p. 129. – Unklar bleibt Wolfs Hinweis auf Joachim Kühns Anmerkung in den Animadversiones in Julii Pollucis Onomasticon (Argentorati 1675), wo dieser aber vom ὀπισθόδομος spricht, wovon aber in unserm Epigramm nirgends die Rede ist. – Hom. Od. I 242 οἴχετ' ἄιστος ἄπυστος, ἐμοὶ δ' ὀδύνας τε γόους τε κάλλιπεν. Solon, frg. 21 Bergk μηδέ μοι ἄκλαυστος θάνατος μόλοι, ἀλλὰ φίλοισιν καλλείποιμι (so Stob. Flor. CXXII 3. ποιήσαιμι Plut. comp. Sol. et Poplic. 1) θανὼν ἄλγεα καὶ στοναχάς. Dies Parallelstellen zu v. 4 des Epigramms: τοκεῦσιν/δυστήνοις ἔλιπον δάκρυα καὶ στοναχάς.

**609a. 611a.** *H.* = 539.     *153,26* Vgl. zu I 206,5. II 172,11.     *153,32* Die Mieterin ist die Witwe des Hallischen Professors Ernst Christian Westphal (II 172,15). *154,21* Joh. Wilh. Ludw. Gleim, Schule der Humanität, als Angelegenheit des Vaterlandes betrachtet von W. Körte (Halberstadt 1816). Nach Gleims letztem Willen sollte sein Großneffe Körte erster Lehrer an der von Gleim geplanten, aber nicht zustande gekommenen Schule werden (Meusel, das gelehrte Teutschland 18 [1821] 400).

**614a.** *H.* = 290.
*Anschrift:* Herrn Prof. Riemer hies.[elbst] nebst 2 Pistolen, die gütigst zu verwahren.

**624a. 627a.** *H.* Herausgeber.     *154,36* Datum nach dem Empfangsvermerk. *154,39* Hier und in den folgenden Briefen an Göschen handelt es sich um die 1817 wiederholte Homerausgabe aus den Jahren 1804–7.

**632a.** *H.* = 22a.     *156,7* Wolf hat die Reise nicht angetreten. (vgl. II 228,23).

**637a.** *H.* Herausgeber.

**638a.** *H.* Prof. Zinn, Berlin. – *D.* Gnomon XIV (1938) 408 (R. Pfeiffer). *157,16* Vgl. zu II 235,36. 244,34.     *157,19* Zur „neulichen Bitte" vgl. II 215,7.

**639a. 639b.** *H.* Herausgeber.     *158,9* Oberpostrat Julius Kuhn, Gatte der jüngsten Tochter Wolfs.     *158,15* Im Meßkatalog Ostern 1817, S. 92 steht unter den fertig gewordenen Schriften: Homeri Ilias ex recens. F. A. Wolfii. Editio nova. II Volumina. 8. Lipsiae, Göschen.     *158,38* Homeri Ilias Odyssea ... Nova editio [Ed. G. H. Schaefer]. Lipsiae 1819–20, sumptibus J. A. G. Weigelii. Voll. IV. Homeri Ilias et Odyssea. Ad optimorum librorum fidem edita. Lipsiae 1819, Tauchnitz. Voll. IV.

**645a.** *H.* J. A. Stargardt, Antiquariat, Berlin.     *159,19* Die „Inlage" betrifft zweifelsohne Wolfs Übertragung des Anfangs der Odyssee (100 Verse), die Lit. Anal. II (1818) 137ff. = KlSchr. II 1131ff. abgedruckt ist (vgl. zu II 237,14). Bei Kannegießer, den ich als Empfänger dieses Briefes erschließe, dem Übersetzer von Beaumonts und Fletchers dramatischen Werken, von Dantes Göttlicher Komödie, durfte Wolf lebhaftes Interesse für seine Übersetzerarbeit voraussetzen.     *159,22* Von Büttner vier Briefe in Wolfs Nachlaß: Prenzlau, 15. Mai u. 25. Okt. 1818; 8. März u. 11. Okt. 1819. Im ersten schreibt er:

Die Teilnahme, die Ew. Hochwohlgeboren in Ihrem letzten Schreiben an unsern Rektor Kannegießer an meinem Ergehen bezeigt, hat mich mit der lebhaftesten Freude erfüllt. ... Sehr wünschte ich zu erfahren, ob Sie mit den zwölf Konjekturen [zu Livius], die ich Ihnen am 1. Dez. v. J. für die Analekten sandte, zufrieden sind und ob Sie ihnen diesmal einen Platz darin gönnen werden.

Indessen blüht auch nicht im nächsten, zugleich letzten, Heft der Lit. Analekten (1820) Büttners Name auf. Von ihm Observationes Livianae I. Primislaviae 1819. Liviana Excerpta vel Chrestomathia Liviana in usum scholarum castigatius repetita a Car. Lud. Bauero. Denuo edidit et adnotationes adiecit Fridericus Büttner. Editio quarta emendatior. Lipsiae 1824.    *159,28* Vgl. zu S. 157,16.

**656 a.** *H.* = 217.    *159,33* Pfunds Name begegnet im Tagebuch Goethes, den er mit seiner Braut Wilhelmine Herzlieb am 30. Dez. 1812 besuchte (WA. 4,357). „Herrn Pfund", schreibt Goethe am 15. Jan. 1813 an Zelter, „hab ich gern und freundlich, obgleich nur kurze Zeit gesehn. Er empfahl sich mir besonders durch seine Anhänglichkeit an Dich. Seine Braut fing ich an als Kind von acht Jahren zu lieben und in ihrem sechzehnten liebte ich sie mehr wie billig" (WA. 23,245). *159,35* Daß Wolf öfters irrtümlich Sendungen erhielt, die für den Professor der Mathematik und Physik am Joachimsthalschen Gymnasium, Friedrich Benjamin Wolff, bestimmt waren, zeigt auch eine Stelle in dem gleichzeitigen Brief an Barker (II 246,22).    *159,39* Versuch einer Lebensbeschreibung J. H. L. Meierottos, Königl. preuß. Kirchen- und Oberschulrats, Rektors u. Professors der Beredsamkeit am Königl. Joachimsthal. Gymnasium, Mitgliede der Königl. Ak. d. W. ... hrsg. von Friedrich Leopold Brunn, ordentl. Prof. der Geographie u. Statistik am König Jo. Gymn. 1802. 528 S.

**683 a.** *H.* 634.    *160,9* Hannchen ist Wolfs älteste Tochter, verwitwete Harke, darauf verheiratete Ruppersberg.
*Anschrift:* Herrn PostDirectionsRath K u h n Wohlgeboren zu Frankfurt a. M.

**690 a.** *H.* = 22 a. – Auf dem freien Raum von Ochsners Br. an Wolf vom 6. Dez. 1820 schrieb Wolf: „In der Antwort", worauf die lat. Worte bis „agas pp" folgen. Diesen schloß er in der Klammer den Satz an: „O. wollte ehedem die Fragmm. des Nig. Figulus bearbeiten." Wie mit Ochsners Namen treibt hier Wolf, dem stets der Schalk im Nacken saß, sein anzüglich witziges Spiel mit des Nigidius Figulus und fordert jenen auf, der nitidula coniunx gegenüber seine Rolle als wackerer Beischläfer – dem Wort Figulus unterlegt Wolf einen unzüchtigen Nebensinn – auszufüllen. Von der geplanten, aber nicht zu stande gebrachten Ausgabe spricht Ochsner schon im Br. an Wolf, Zürich, 31. März 1804:

Den Figulus habe ich ein wenig auf die Seite gelegt, doch nie ganz aus den Augen verloren. Vielmehr hat mein Bestreben, nichts unbeachtet zu lassen, was von jeher für diesen Schriftsteller auch nur beiläufig getan worden ist, mich zu unzähligen Lesereien verleitet; und wenn ich von so einem langen Ritterzuge ganz ohne die geringste Ausbeute zurückkam oder bei einem elften nichts anders fand, als was schon von zehn gesagt war – dann war meine Neugierde wieder auf längere Zeit befriedigt, und ich sehnte mich nach erbaulichern Beschäftigungen.

**714a.** *H.* = 539.

**714b.** *H.* = 22a.

**718a.** *H.* Herausgeber.

**725a.** *H.* = 439.
*Anschrift:* An Frau v. Varnhagen HWgeb. hies.[elbst].


Angefügt sei hier ein im Konzept vorliegendes, undatiertes, wohl aus Wolfs Hallischer Zeit stammendes Schreiben an einen nicht festzustellenden Empfänger (das Autograph im Besitz des Herausgebers).

Heri a Te mihi reddita epist.[ula] est, in qua tam multa me delectarunt, ut, quid maxime, non facile indicarim. Nam amor ille Tuus, etsi testimonio nullo egebat, eius tamen commemoratio me novo quodam modo afficiebat. Antea Te amabam modo, quod esses eius patris filius, cui optimae litterae plurimum deberent, cuique privatis ipse maximis officiis ita devi[n]ctus essem, ut amor meus ad eius etiam posteros pertineret. Nunc vero lectis tuis litteris, ex quibus cognovi paternam laudem Te tanquam amplissimum patrimonium non solum tueri, verum etiam augere posse: vix credi potest, quantum ex ea spe, quam et eximiam et certam de te concepi, creverit amor meus. Nihil enim in ista aetate amabilius quam virtutis significatio. Ad quam Te cohortarer pluribus, nisi et natura, ut video, et domestica disciplina id iam esses consecutus, ut cohortatione non egeres. Gratulabor potius Tibi et manibus parentis Tui: quos, si sensus, arbitror plus ex hac una re voluptatis percepturos, quam olim ex celebratissima gloria sua ceperint.

## Berichtigungen und Zusätze
## zur dreibändigen Ausgabe der Briefe Wolfs
*Discipulus est prioris posterior dies*

Von den nachfolgenden Briefen ist mir die Handschrift erst nach dem Erscheinen der Ausgabe bekannt geworden; nur die größeren Abweichungen vom Autograph seien hier angemerkt, kleinere Ungenauigkeiten der Rechtschreibung und Interpunktion dagegen übergangen.

**Nr. 82** *H.* J. A. Stargardt, Antiquariat in Berlin.     101,4 Izt     35 *steht vor* Semler *das Epitheton* theuren     45 *den Worten* da mihi basia mille *folgt* p, *darauf die Unterschrift* Wolf *und a. R.:* Ihr Anzeiger von Hottingers Divination muß großen Mangel an Büchern haben. So ist gleich die Conj.[ektur] in v e n t a  r e von Lambin. Es handelt sich um die Ausgabe: M. T. Ciceronis Bücher von der Divination, aus dem Lateinischen übersetzt von Joh. Jac. Hottinger. Zürich 1789. Rez. ALZ. Nr. 11 (13. Jan. 1791), Sp. 85–87. Zu I 10,16 Aristolochia, quae nomen ex *inventore* repperit, rem ipsam inventor ex somnio bemerkt der „Anzeiger" (S. 86): „Hr. Hottinger übersetzt so: die Aristolochia, die ihren Namen von dem Gebrauche hat und deren Gebrauch der Erfinder durch den Traum erfuhr. Wir mutmaßen, daß der Vf. sehr scharfsinnig gelesen habe: quae nomen ex inventa re oder ex invento repperit etc." Die heutigen Herausgeber (C. F. W. Müller, Arthur Stanley Pease) halten mit Recht an der überlieferten Lesart fest.

**140.** *H.* Germanisches Nationalmuseum, Nürnberg.     160,5 Kritik     7 Sprichwort auch nur     10 Faktum von gestern oder ehegestern     13 vor dem Vorwurf     18 Gewirr Von     26 andern     30 wol     35 genannt     161,2 Satz vor Satz     3 Zettel     4 den Prof. Witt     6 anrühren

**569. 573.** *H.* Städt. Kestner-Museum, Hannover.     176,37 wol     177,2 vor 11 Uhr     180,10 daß es ein     14 allen     19 Schnekke     21 Aēnĕlāden     27 Gedankenspiele *aus* Gedankenspäne *korrigiert*     32 im Stillen     34 izt

**600** *H.* Goethemuseum, Frankfurt am M. Der Brief jetzt in vollständiger Gestalt als Nr. 600a veröffentlicht.

\*   \*
\*

Im folgenden einige Ergänzungen zu den Erläuterungen im III. Band der Briefausgabe.

I 95,22 Über ihn äußert sich Wolf auf einem im Besitz des Herausgebers befindlichen Autograph folgendermaßen:

Peractis igitur disputationibus, Auditores, veniamus ad id, cuius caussa illae institutae sunt. Nam quum is, qui in conspectu Vestro est, ab Ordine nostro, ut sibi summi honores philosophiae impertirentur, rite petierit, neque quisquam nostrum fuerit, cui non satis dignus hic doctrinae praemio videretur, equidem ad hanc Ordinis sententiam coram Vobis aperiendam delectus veni. Est is autem iuvenis ingenii et animi virtutibus inprimis ornatus,
         Joann. Fridericus Gottl. Delbrück
Magdeburgensis, qui antehac usus disciplina Funckii, viri praestantissimi, deinde quandiu apud nos fuit, tum Theologicas literas, tum inprimis antiquarias et philosophicas, sequutus est, eoque id ardore ac successu, ut etiam seminarii philol. sodalitio, in quo non nisi optimis et doctrinae cupidissimis locus est, per duo annos fuerit adscriptus.

I 149,6 Testimonium für Joh. Heinr. Voßens zweiten Sohn (1781–1841), den späteren Arzt (G.St.A. R. 76. II. Abt. Nr. 30, Vol. V):

Decanus et professores collegii philosophici in Fridericiana. Quod felix faustumque et bono publico salutare sit, in Fridericiana in numerum Musis addictorum addictus est Guil. Lud. Voß Utinensis, Medicinae studiosus futurus. In cuius rei fidem hoc testimonium publicum, sigillo ordinis philosophici praemunitum, accepit. Halae, die 30 mensis April. Anni MDCCCI. Fr. A. Wolf h. t. Decanus Ordinis Philosoph.

I 168,2 (Brieftext). Das richtige Datum [Halle, Anfang Juni 1795]

[I 186,14 Mit der Schrift Vaters könnten auch die Animadversiones et lectiones ad Aristotelis libros tres Rhetoricorum von 1794 (mit einem ‚Auctarium' Wolfs) gemeint sein, vgl. zu I 205,38. – R. K.]

I 187,21 ff. Nach Empfang dieses von Wolf „wirklich als Handschrift" abgeschickten Briefes schreibt Heyne an seinen jungen Freund Carus (1779–1807) in Leipzig am 30. März 1796 (Aufsätze, Fritz Milkau gewidmet [Leipzig 1921]: Aus Briefen Heynes an Friedrich August Carus von Johannes Joachim S. 187–208):

Herr Wolf hat mich auf die seltsamste Weise behandelt. Im Februar erhielt ich einen Brief vom 18. November von ihm; seltsam schien es mir, daß ein Brief von Halle so lange unterwegs sein könnte. Doch ich halte mich bei den Nebendingen nicht gern auf. Noch vor Ausgang Februars antworte ich ihm und bedeute ihm, auf einerlei Idee könne man auf mehreren Wegen kommen; seinen Weg sei ich nicht gegangen, der sei mir zu ermüdend; ich hätte weder Zeit noch Lust dazu; aber auf das Resultat hätten mich und andre hundert Dinge geführt... Nun sehe ich, daß Wolf seinen Brief, den er mir auf die Post schickte, in dem Journal Deutschland hat abdrucken lassen. Ob er nun auch meine Antwort wird drucken lassen, will ich erwarten. Bei einer solchen Art zu handeln würde mir für meinen Charakter sehr bange sein (S. 190).

Mit Rücksicht auf den von Heyne so beiläufig erwähnten Umstand, daß er den vom 18. November 1795 datierten Brief, worin ihm Wolf eine Anzeige seiner Prolegomena nahe legt, erst im Februar 1796 erhielt, also nachdem diese veröffentlicht war, hat Joachim den Wolfs Charakter in ein schiefes Licht setzenden Verdacht ausgesprochen, daß Wolf den Brief erst nach dem Erscheinen der Rezension Heynes geschrieben und ihn also zurückdatiert habe. Für Joachim bestätigt sich dieser Verdacht „bei zusammenhängendem Lesen von Wolfs Briefen an Herrn Hofrat Heyne durchaus", doch will ich offen gestehen, daß ich diesen Eindruck nicht gewonnen habe. Daß der Brief erst nach so vielen Wochen Heynen erreicht hat, mag durch ein Spiel „Seiner heiligen Majestät des Zufalls" begründet sein, den aufzuklären wir nicht vermögen; denn auch Briefe haben ihre Schicksale. Noch sei hinzugefügt, daß Wolf im zweiten seiner Briefe an Herrn Hofrat Heyne von seinem Brief vom 18. November sagt (S. 35), daß er ihm „erst Wochen lang in Gedanken und dann noch etliche Tage auf dem Schreibtische liegen blieb." Ohne zureichende Gründe könnte ich mich also nicht entschließen, Wolf einer Unwahrheit und eines immerhin bedenklichen Vorgehens zu bezichtigen.

I 198,26 Bei den Worten ἡδίων συζυγία schwebte Wolfen, wie mich Süß und Nachmanson in ihren Besprechungen Philol. Wochenschr. 14. Nov. 1936, S. 1269–1281. Lychnos [Uppsala] 1938, S. 515–521) belehrten, Eur. Herakl. 673–5 vor: οὐ παύσομαι τὰς Χάριτας Μούσαις συγκαταμιγνύς, ἀδίσταν συζυγίαν. Ein von Wolf seinem Schüler, dem Schweizer Heinrich Escher, gewidmetes Stammbuchblatt (im Besitz von Georg Hirzel in Leipzig) macht sich den gleichen Gedanken zu nutze: „Eurip. Μουσῶν καὶ Χαρίτων ἡδίστη συζυγία – M.[emoriam] C.[ommendat] S.[ui] Frid. Aug. Wolf. Halae Sax. d. 18. Apr. 1802". Mit den gleichen Buchstaben trug er sich in Varnhagens Stammbuch (7. April 1807) ein: „Λάθε βιώσας. Epicur" sowie auf einem im Britischen Museum aufbewahrten Blatte. Daß diese Abkürzungen so aufzulösen sind, entnehme ich einem im Germanischen Nationalmuseum in Nürnberg befindlichen Widmungsblatt Wolfs an Böttiger folgenden Wortlauts: „Böttigero, Viro Eximio et amicissimo, ad Sui memoriam commendandam–Wolf."

I 200,10.22 wäre einzufügen: Encyklopädie der klassischen Altertumskunde, ein Lehrbuch für die obern Klassen gelehrter Schulen. Von Ludwig Schaaf, Prediger zu Schönebeck bei Magdeburg. Erster Teil. Zweite verbesserte Auflage. Unter dem besonderen Titel: Literaturgeschichte u. Mythologie der Griechen u. Römer. Magdeburg 1820. 328 S., besprochen von Otfried Müller GGA.131. St.1821 (= Kl. Schr. I 3).

I 200,38 vgl. I Petr. 1,17 sintemal ihr den zum Vater anrufet, der ohne Ansehen der Person richtet nach eines jeglichen Wirken.

I 205,34 Für das im Urteil Wolfs über Hermann im Autograph verschriebene *at vident* ist jedenfalls *at videlicet* zu lesen. [*at vident* (Subjekt *Germanicae litterae*) verteidigt R. Pfeiffer, Gnom. 14 (1938) 406. – R. K.]

I 210,26 Morgenstern an Schütz, 12. Mai 1795 (Schütz II 251):

Mein Freund Falk wird noch in diesem Jahre ein größeres Gedicht herausgeben: Die heiligen Gräber von Kom (oder die Wege der Vorsehung), eine morgenländische satirische Erzählung in 3 Gesängen. Nach dem zu urteilen, was er mir bis jetzt davon vorgelesen, ist es ein trefflicher Versuch in einer noch wenig bearbeiteten Gattung. Dieser in Halle nur von sehr wenigen ganz gekannte junge Mann ..., der glückliche Nachahmer von Boileau, der Verfasser so mancher trefflicher, noch ungedruckter Poesien, durch seinen Kopf und sein gefühlvolles Herz sowie durch seinen feinen Geschmack seinen Freunden gleich schätzbar, ... war noch bis in sein 16tes Jahr – Friseur in Danzig wie sein noch lebender Vater.

I 210,30 In den Hallischen Dekanatsakten fand ich folgendes Zeugnis von Wolfs Hand für Thilo:

Universitatis Fridericianae
Philosophici Ordinis Professores
S. D. Lecturis.

Joannes Ludovicus Christophorus Thilo, Halberstadiensis, quadriennium et sex fere menses apud nos primum in studiis theologiae, mox philologiae et philosophiae versatus, adscriptus etiam Sodalitio Seminarii Reg. philologici, omnem rerum, quae ad doctrinas illas pertinent, orbem ita emensus est, ut Mathesin et Physicam, praecipuas Philosophiae partes earumque Historiam, tum in primis Litterarum antiquarum Encyclopaediam, Graecarum Historiam, Antiquitates et Graec. et Romanas, Homeri, Platonis, Horatii, Ciceronisque interpretationem a doctoribus nostrae Facultatis perceperit. Quibus in auditionibus omnibus adeo probavit assiduitatem, industriam ac singulare et eximium studium, ut publico hocce testimonio confirmare debeamus, tempus academicum ab ornatiss. Candidato insigni cum laude peractum esse.

P. P. Halis Sax. d. 2. Maii 1797.
Fr. Aug. Wolf
Fac. philos. H. t. Decanus.

I 217,29 Ein vielfach von diesem Brief (Nr. 191) abweichendes Konzept (*H.* Herausgeber) sei im folgenden mitgeteilt:

D. Ruhnkenio, Viro Excellentissimo,
F. A. Wolfius S. P. D.

Etsi primis statim litteris conditiones munerum publ.[icorum] istic tales esse scripseras, quales Germania offerre non soleret, tamen metuebam interdum, ne rerum omnium ad familiam tuendam necessariarum caritas, quam apud Vos magnam esse audis [audio? – R. K.], splendorem stipendiorum minueret. Quem metum Tibi significavi nuper, sperans exemptum abs Te iri, aut aliquo certe modo me doceas, qua ratione ego ex isto 2400 fl.[orenorum] stipendio degere possim. Verum fatear: perculit me silentium de hac re Tuum in epist.[ula] postrema; attamen illud mox in eam trahebam sententiam, ut, si non liberalius quam hic Halis, saltem honeste et aeque bene victurus viderer. Sed hoc dum agito et amicos consultantes et huc illuc me trahentes audio, accipio litteras a viro quodam docto qui habitat in urbe Vestra, quibus metus ille non minuitur, sed in immensum augeretur. Supervenit item peregrinus homo quidam, natione Suecus (Wallquist) qui anno 94. satis diu Leidae commoratus, notus Theol.[ogo] Vestro Cl.[arissimo Broesio], pleraque ab illo scripta confirmaret. Testatur is plane, domicilium, quod hic 100 thaleris conducatur i. e. 230 fl.[orenis], Leidae 500 vel 550 florenis constare; ita res reliquas eadem in ratione esse; omnino autem, ut non nimis sordide degam, opus esse annuo sumptu 6000 fere florenorum. Neque vero hic Suecus ita laute apud nos vivit, ut vitae genus, quale meum esse solet, ei sordere videatur. Accedunt singulares rationes a cive Vestro perscriptae. Viduis proff. an aliquid alimenti publici decretum sit, quaesieram: nihil esse respondet. Quaesieram, quae sint immunitates Vestrae in libris statisticis certatim collaudatae et an forte eae Leptinem suum metuant: affirmat illum iam exortum, iam superiore anno id iuris ademptum, eiusque loco 250 florenos quotannis additos cuique, sed iis tantum, qui tunc essent, non his qui postea vocarentur. Neque adeo ab extraord.[inariis] tributis exceptos esse Proff., inde ab a̅o̅ 1788 aliquoties imperatis. Haec et similia ita me deterruerunt, ut ...

I 218,17 Auch bei späterem Anlaß lehnte Wolf diese akademische Würde ab. Als nämlich Prorektor Jakob am 15. Mai 1804 anfragte, welche Herren sich für das Prorektorat bereit erklärten, schrieb Wolf ganz kurz: „Ich muß das Prorektorat verbitten" (Univ. Arch. Halle P. Nr. 21. Vol. III).

I 223,1 Ein Entwurf der Vorrede zu der nicht zu stande gekommenen Tacitus-Ausgabe sowie des Titels hat sich im Autograph erhalten (*H.* Herausgeber). Dies der Wortlaut:

Lectoribus
S.D.
Frid. Aug. Wolfius.

Aliena sponte, non mea, mihi haec suscepta provincia est. Exhauserat taberna Weidmanniana Ernestianorum Taciti exemplorum copiam, visum de eorum reparatione cogitare et, ut mos est, tali, quae novos emptores novo quopiam lenocinio alliceret; ventum est ad me, in alio cum maxime genere scriptorum operantem. Quid multa? operam condixi, facile negotium prospiciens post tot et tantos interpretes, praesertim quum primaria librarii conditio, ne plagularum numerus augeretur, aliquid molientem reprimeret.

*Auf einem losen Blatt schrieb Wolf als Titel der geplanten Ausgabe:* C. Cornelii Taciti Quae supersunt Opera. Denuo recognovit, J. Lipsii, J. Fr. Gronovii, Th. Ryckii suasque annotationes subiunxit Fr. Aug. Wolfius. Lipsiae. *Zuerst hatte er folgenden Titel gewählt:* C. Cornelii Taciti Quae extant. Denuo recognovit, integras annotationes J. Lipsii, J. Fr. Gronovii, Th. Ryckii, delectas aliorum interpretum suasque adiecit Frid. Aug. Wolfius. Lipsiae.

[I 246,13 Hor. a. p. 19 sed nunc non erat his locus. – R. K.]

I 269,34 (Brieftext) lies HE[rrn]

[I 278,40 Die „dame savante" wird Clotilda Tambroni sein, mit der Wolf seit 1796 (I 309,29) oder 1799 (I 432,32) korrespondierte, vgl. zu I 309,25 und 335,23. – R. K.]

[I 334,19 Zu dem Odysseecodex aus dem Collegium Romanum verweist Pfeiffer a. O. 407 auf Humboldts Brief Ges. W. V 251 und 253. – R. K.]

[I 342,18 „portatilern" nicht verschrieben aus „portabilern", sondern vom italienischen portatile gebildet. – R. K.]

I 346,39 „Damit es Ihnen auf Einmal klar werde, was Lolch und Trespe sei, so erhalten Sie hiebei den threnodisirten Sueton." Süß (a. a. O.) möchte die schwer verständliche Stelle dahin deuten, daß Wolf an den augenmörderischen Druck der von ihm „beschluchzten" (vgl. II 54,7 „die erjammerte Auferweckung des elenden Orts", d. i. der Universität Halle) Suetonausgabe gedacht habe. Der Genuß des infelix lolium (Verg. Bucol. 5,37. Georg. I 154) schadete den Augen; vgl. Ov. Fast. I 691 et careant loliis oculos vitiantibus agri. Plaut. mil. 321 lolio victitare, von Lolch leben und infolgedessen schlechte Augen haben. Übrigens spräche Wolf, die Richtigkeit dieser Erklärung vorausgesetzt, mit starker Übertreibung von dem kleinen die Augen angreifenden Druck seines Sueton, der, wie ein Blick in die Ausgabe zeigt, keineswegs der Schärfe und Deutlichkeit entbehrt.

I 378,28 Den gleichen mit seiner französischen Endung mir nicht erklärlichen Ausdruck „Erfurteur" finde ich im Brief Zelters an Goethe vom 7. Aug. 1831 (III 450 Hecker): „In Naumburg stieg eine wohlgestalte Vierzigerin mit ihrem Manne vor mir in die Schnellpost. Sie kamen von Erfurt und hatten, wie noch ein dritter Erfurteur, die ersten Plätze".

[I 379,27 In Joh. Müllers Brief lies „deutschen" statt „Leutchen". – R. K.]

[I 394,11 Gemeint ist mit „Alex.Bad" vielmehr Alexandersbad im Fichtelgebirge, unweit von Wunsiedel. Es gehörte zu Ansbach – Bayreuth und war im Jahre 1791 durch Erbschaft an die königlich-preußische Linie der Hohenzollern gefallen. In jenen Sommermonaten des Jahres 1805 hielt sich tatsächlich der preußische König Friedrich Wilhelm III. (denn um diesen König handelt es sich in Wolfs Brief an Goethe) mit seiner Gemahlin Luise dort auf; an ihren gemeinsamen Aufenthalt daselbst erinnert auch heute die nahe gelegene, zu Ehren der Königin getaufte sog. Luisenburg. Eine königliche Kabinettsordre vom 19.6.1805 an den in Halle garnisonierenden General von Renouard auf seinen Bericht vom 16. 6. über einen Aufruhr in der Stadt erging ebenfalls von dort hierher. (Vgl. Gustav Hertzberg, Geschichte der Stadt Halle a. S., Bd. III 1893 S. 319) – R. S.]

I 401,18 Der tolle Hagen. Ein Satyrspiel in Goethes Leben. Von Ludwig Volkmann. Leipzig 1936.

I 411,12 In der Jen. ALZ. Nr. 77–79 (1.–3. April) 1805 findet sich ein Ausfall Joh. Heinr. Voßens, des „haberechtischen Griesgrams", wie ihn Goethe in einem Brief an Knebel vom 11. Nov. 1809 (WA. 21,132,19) nennt, gegen einen Artikel in der Oberdeutschen ALZ 1805, Bogen XX: Über den neuen Kurpfalzbayerischen Studienplan von P. Wismayr, jetzigem Schulen- u. Studien-Direktionsrat. Voß gibt in diesem Aufsatz eine ausführliche Darlegung der Geschichte der humanistischen Studien, kritisiert den Wismayrschen Lehrplan, in dem nur eine Wiederbelebung der Jesuitenanstalten zu sehen sei, wobei es nicht auf humane, sondern auf praktische Bildung ankomme, lehnt den Ruf nach Würzburg sowie das Anerbieten, unter dem Schutz der Akademie ein philologisches Seminar durch selbstgewählte Gehilfen einzurichten und zu beaufsichtigen, ab: „Man hat den Hrn. Wismayr öffentlich der Verbindung mit den Jesuiten beschuldigt. Des Mannes Herkunft, Treiben und Verbindungen sind mir unbekannt, aber das liegt am Tage, daß er seinen Plan ganz auf jesuitische Grundsätze gegründet und in der heiligsten Sache der Menschheit das erschlichene Vertrauen der edlen bayerischen Regierung, die nicht Dunkelheit, sondern Licht ausbreiten will, aufs schnödeste gemißbraucht hat." (Vgl. auch Hans Löwe, Friedrich Thiersch. Ein Humanistenleben im Rahmen der Geistesgeschichte seiner Zeit (München 1925, S. 105 u. 108).

I 416,36 Goethes Brief an Arnim „aus Jena den 26. Junius 1806" hat sich doch erhalten; vgl. W A. Abt. 50, 139 f. 196.

[I 418,24 Über Humboldts Briefe an Wolf s. Pfeiffer a. O. 407. – R. K.]

I 421,26 Brief Napoleons an Marschall Berthier, Halle, 20. Okt. 1806:

Mon cousin, donnez des ordres pour que l'université de Halle soit fermée et que dans vingt quatre heures les écoliers soient partis pour leur demeure. S'il s'en trouve demain en ville, ils seront mis en prison, pour prévenir le résultat du mauvais esprit qu'on a inculqué à cette jeunesse. (Archives nationales Paris, AE IV. Empire.)

I 423,19 M.[ansione] S.[ua] dürfte aufzulösen sein, entsprechend I 48,33. 93,33 v.[om] H.[ause]. [Damit billigt Reiter meine ihm seinerzeit vorgeschlagene Auflösung. – R. S.]

II 3,7 *lies* (I 169 Hecker).

II 51,29 Über die „Sammlungen von Professor Köhler" spricht Wolf in einem undatierten Billet an einen nicht festzustellenden Empfänger (*H.* Pr.St.Bibl.):

Hier, mein Theuerster, noch einige der auffindbarsten Köhleriana, die selten und unkäuflich sind, auch hier in Berlin sonst nicht. Möchten Sie sie jedoch nicht in fremde Hand kommen lassen, so wie manches gestern Besprochene – ausdrücklich muß ich darum bitten – nicht in eine fremde Seele. Nochmals ein herzlich Lebewohl für Ihren, Gott gebe, recht langen Aufenthalt in dem schönen Berlin! Wf.

II 93,14 Compelle, Nötigungs= od. Zwangsmittel: Luc. 14,23 compelle intrare (Süß).

II 120,1 Zelter an Goethe 25. Mai 1826 (II 425f. Hecker):

Dieser Klub (Montagsklub) ist die älteste Gesellschaft hiesigen Orts und seine Stiftung so alt wie Du, denn er ist im Jahre 1749 gestiftet. Lessing, Abbt, Ramler, Möser und die höchsten Staatsmänner wie denn auch Nicolai, Gedike, Biester und andere Biester und Fiester haben ihn in solchen Ehren verlassen, daß wir Lebende ihn gern fortpflanzen, weil es der bequemste Ort ist, das Wichtigste der Welt wöchentlich einander mitzuteilen.

II 127,41 Über die Aretinschen Händel und den Kampf gegen die aus Norddeutschland berufenen Gelehrten sowie über das Attentat auf Thiersch Ausführliches auch bei H. Löwe a. a. O. S. 294ff. 320ff.

II 131,9 „Das Büchlein, das ich wie ein verstohlen erzeugtes Kind ansehe." Treffend zieht Süß (a. a. O.) Aristoph. Nub 530f. zum Vergleich heran: κἀγώ, παρθένος γὰρ ἔτ' ἦ κοὐκ ἐξῆν πω μοι τεκεῖν, ἐξέθηκα. Wolf verwendet hier für seine anonym erschienene Wolkenübersetzung das gleiche Bild wie Aristophanes mit Bezug auf ein vorausgegangenes pseudonymes Stück.

II 131,37 Den dunkeln Ausdruck, wonach Wolf die aus Karlsbad für ihn von Goethe mitgebrachten Bücher von der „Heiligen Göttin" zurückforderte, kann ich jetzt dahin aufhellen, daß Wolf scherzhaft damit auf den seltsamen Namen der Hauswirtin Goethes in den Drei Mohren zu Karlsbad, der Frau Lucia Heilingötter, anspielt (vgl. WA. Register der Tagebücher 14,363. Briefe 50,100); Zelter an Goethe aus Karlsbad, 7. Juli 1819 (II 14 Hecker): „Madame Heilingötter küßt die Hand und sagt, Euer Exzellenz werden ihr vor allen lieb und wert sein."

II 135,18 (Brieftext) ist Ch[or]herr (st. Ehherr) zu lesen, wie ich nach erneuter Prüfung des Autographs sehe. Darnach ergibt sich als Empfänger dieses Briefes mit Sicherheit der Schweizer Johann Jakob Hottinger, den Wolf in der Praefatio zu seinem Platonis dialogorum delectus p. 6 unter den „praestantes viri" nennt, „qui partim ex publicis bibliothecis, partim ex suis opibus necessaria critico usui instrumenta attulerunt."

[II 138,4 In Wielands Brief an Böttiger (vom 13. Jan. 1812) lies „da ist kein Wort" statt „das ist kein Wort", vgl. Jahrbuch der Jean-Paul-Gesellschaft 1 (1966) 100. Ebendort zu I 138,22. – R. K.]

II 138,18 „Kapelle". Zelter an Goethe 7. März 1817 (I 560 Hecker): „Auch Madame Wolff hat im ‚Rätsel' von Contessa ausnehmend brav gespielt und schön gesprochen. Bei der Gelegenheit habe ich mir ihre Stimme recht auf die Kapelle gebracht."

II 142,27 Auch Goethe verurteilt das Auftreten des jungen Voß gegen Wolfs Übersetzung der Wolken und freut sich, wie er an W. von Humboldt am 8. Febr. 1813 schreibt (WA. 23,279), daß dieser sich „durch die Drohungen des Heidelberger Cyklopen und Familie von diesem guten Werke nicht abschrecken lasse. Jene bedräuen gegenwärtig unsern Wolf, der doch auch keine Katze ist, mit schmählicher Hinrichtung, weil er es gewagt, auf der Übersetzungsinsel, die sie vom Vater Neptun privative zu Lehn erhalten, gleichfalls zu landen und einen lesbaren Aristophanes mitzubringen. Es steht geschrieben: selig sind, die im Herrn entschlafen, aber noch seliger sind die, welche über einen Dünkel toll geworden." Die Chiffre D. A. E., deren sich Voß d. j. in seinen Rezensionen bediente, bedeutet „Der alte Ehrwürdige", wie er in Halle und Jena unter seinen Studiengenossen hieß. Über den „Herrn DAE" äußert Goethe wegen dessen „eherner rhadamantischer Strenge" sein Mißfallen schon in einem Brief an Eichstädt vom 25. Nov. 1809 (WA. 21,142).

II 146,34 Über die Fehde Schelling-Jacobi spricht Goethe wiederholt in seinen Briefen, so an Knebel 25. März u. 8. April 1812, an Friedrich Schlegel 8. April 1812, an Jacobi 10. Mai 1812 (WA. 22.302.321.327; 23,6).

„Ein Buch", schreibt er an Knebel, „welches mich erschreckt, betrübt und wieder auferbaut hat, ist von Schelling gegen Jacobi. Nach der Art, wie der letzte sich in den sogenannten Göttlichen Dingen herausgelassen, konnte der erste freilich nicht schweigen, ob er gleich sonst zu den hartnäckigen Schweigern gehört. Wir andern, die wir uns zur Schellingischen Seite bekennen, müssen finden, daß Jacobi sehr schlecht wegkommt. Das Buch muß die Münchner Skandale, die ohnehin kaum erst ein wenig beruhigt sind, wieder aufs neue aufregen."

[Nr. 535 Die Kritik Wilamowitzens ist in der 4. Auflage der ‚Reden und Vorträge' nicht unterdrückt, vgl. dort I 25f. – R. K.]

II 157,18 Der Brief ist zu datieren: Berlin, 12. März 1813, da er „am Tage nach der Russen Einmarsch", der am 11. März stattfand, geschrieben ist. Nr. 545 u. 546 haben demnach ihre Stelle zu wechseln.

[II 172,19 „Der andere fraterculus" ist nicht Körtes Bruder Christian, sondern Jérômes Bruder Napoleon, vgl. II 166,39. – R. K.]

[II 188,17 Vgl. Zeitschr. für Papyrologie und Epigraphik 49 (1982) 291–293. – R. K.]

II 194,40 (Brieftext) Zu Wolfs Worten „in maximis doloribus" sei an eine Stelle aus W. von Humboldts Brief an Goethe erinnert (Madrid, 28. Nov. 1799): „Meine Frau hätte unter einigen (ihrer Nachrichten über Bilder im Escorial), da ihre Gesundheit schon mehrmals gelitten hat, mit Wahrheit wie weiland der König von Preußen (Friedrich Wilhelm II.) schreiben können: in doloribus fecit" (Goethes Briefw. mit W. u. Alex. v. Humboldt, hrsg. von Geiger. Berlin 1909, S. 112).

[II 202,4 Critica vannus (in inanes J. C. Pavonis paleas) war von D'Orville als Buchtitel gebraucht worden (1737). – R. K.]

II 219,35 Schleiermacher an Friedrich Heinrich Christian Schwarz, Professor in Heidelberg, 15. Okt. 1816:

Vielleicht verirrt sich bis zu Ihnen ein polemischer Bogen, der soeben abgezogen wird, und an dem ich auch den größten Teil habe. Wolf ist ein furchtbarer Gegner; aber diesen frevelhaften Übermut und die aufgeblasene Lüge darf man auch an dem Größten nicht ungestraft dulden. Und so mag er denn seinen Witz aufbieten und mir tun, was er kann, ich konnte nicht anders.

Derselbe an August Twesten, Prof. in Kiel, 11. Mai 1817:

Die kleine Anti-Wolfiade ... muß Ihnen wohl vor Augen gekomen sein, aber ich muß Ihnen doch noch mit ein paar Worten erklären, wie ich eigentlich mit da hineingekommen bin. Daß man die Wolfischen Lästerungen gegen den guten Heindorf nicht dürfe mit Stillschweigen übergehen, darüber waren wir einig. Buttmann hatte das nächste Recht aufzutreten und wollte es auch, aber er wollte hernach, die andren sollten seinen Aufsatz unterschreiben, und dazu wollte sich nun niemand verstehen, und die Sache war in Gefahr, um deswillen liegen zu bleiben. Da traf ich dieses Auskunftsmittel, welches mir das beste schien, um sie endlich in Zug zu bringen. Daß ich nun auf diese Art zwei Männer hier habe, einen ganzen und einen halben Kollegen, mit denen aller Verkehr abgebrochen ist, das ist freilich eine üble Sache. Allein beides war doch meiner Überzeugung nach unter den gegebenen Umständen nicht zu ändern.

(Schleiermacher als Mensch ... Familien- u. Freundesbriefe ... hrsg. von H. Meisner. Gotha 1923, S. 241.249f.).

II 245,4 Köppe H., Abraham Jakob Penzels Lebensirrfahrten. Leipzig 1937. 402 S.

II 248,41 Der Verfasser des dort erwähnten Aufsatzes, „Schwab", dürfte entweder Joh. Christoph, Oberstudienrat in Stuttgart (1743–1821), oder dessen Sohn Gustav, der Dichter der schwäbischen Schule (1792–1850) sein.

II 257,31 Mit diesem Brief (Nr. 672) beantwortet Wolf, worauf Albert Leitzmann (Literaturbl. f. germ. u. rom. Philol. 58 [1937] 243f.) aufmerksam macht, W. v. Humboldts undatiertes Schreiben, das in dessen Gesammelten Werken V (1846) 316 abgedruckt ist. Dies der Wortlaut:

Erlauben Sie mir, liebster Freund, noch eine Frage, auf die ich gern vor meiner Abreise Antwort hätte. Glauben Sie, daß in der eingezeichneten Stelle p. 357 des mitfolgenden Diodors man Ὀρισσῶν als ein Indeclinabile und den Namen des Königs annehmen kann, wie, soviel ich weiß, alle Herausgeber getan haben, oder ob man voraussetzen muß, daß es ein Volk Orisser gegeben habe und daß jenes nomen proprium der Genitiv sei. So hat es Mannert genommen, der, ohne einen Zweifel zu äußern, mit Anführung dieser Stelle ein Volk Orisser angibt. Es versteht sich, daß man alsdann τοῦ τῶν Ὀρισσῶν βασιλέως lesen müßte, wie Mannert auch vermutlich vorausgesetzt hat. Es fragt sich nun, ob man dies tun muß oder ob solche barbarische Namen, wie es mir scheint, nicht auch als indeclinabilia gebraucht werden. Bei einigen jüdischen Namen ist dies offenbar. Was nun hier auffällt, ist die scheinbare griechische Endung. Leben Sie herzlich wohl. H.

II 281,24 (Br. 700) Über die sonst fast unbekannte Dichterin Julie de Roquette – von ihr 2 Teile Gedichte 1802 erschienen – finde ich eine Stelle in einem Briefe Achims von Arnim an Goethe, Schr. der Goethegesellschaft 14: Goethe u. die Romantik II 105f., wo jener unter andern Merkwürdigkeiten die erwähnt, „daß die einzige Dichterin (in Strelitz) aus Pflicht und Lebenszwang, eine gewisse Rouquette, im Strelitzer Zuchthause sitzt. Sie wollte mehrmals in der Trunkenheit ihr Bettstroh mit brennendem Lichte aufwühlen, ihr Mann, ein armer französischer Sprachmeister, muß selbst auf ihre Festsetzung antragen; ich sah ihre Briefe an Gönnerinnen, wo sie ihre Schuld wie ein trauriges Schicksal darstellt, einige rührende Stanzen auf den Abschied von ihren schlafenden Kindern beifügt. Im Zuchthause hat sie sich bei dem Schließer sehr beliebt gemacht, unterrichtet seine Kinder, schreibt viel, sie hat eine eigne Freiheit mich statt mir zu setzen, wo es der Reim fordert. ... So verschieden beide in Anlagen, so erinnert sie mich an die gleichfertige Lebensweise der Karschin."

II 283,23 Über Dr. Klindworths Wesen, „seine übertriebene und peinliche Höflichkeit beim ersten Auftreten, und im Fortgange des Gesprächs bewundernswürdige Arroganz im Urtheil über andere, die größte Selbstgefälligkeit in allem, was er über seine eigenen Leistungen und Entwürfe spricht, und die größte Geringschätzung fast aller andern Gelehrten", schreibt Georg Friedrich Schömann in einem Brief an Böckh vom 9. Okt. 1822 (Max Hoffmann, August Böckh. Leipzig 1901, S. 280f., wo überdies auf viele Stellen in Varnhagens Blättern aus der preuß. Gesch. verwiesen wird, in denen von Klindworth die Rede ist). Auch in Heines Lutezia zweitem Teil (V 242. IX 319 Walzel) Näheres über Klindworth.

II 284,13 Meine Anmerkung berichtigt A. Leitzmann Literaturbl. f. germ. u. rom. Philol. 1937, S. 243f. in dem Sinne, daß mit dem „Schneiderschen Weltgericht" das ehemals gefeierte Oratorium „Das Weltgericht" (1820) des Komponisten Friedrich Schneider gemeint sei.

II 286,35 Goethe dankt im Brief an Gerning vom 8. Mai 1814 für die schöne Übersetzung. Sie „liest sich gar angenehm und in so wilden, kriegrischen Zeiten ist die Heiterkeit des glücklichen Römers höchst willkommen" (WA. 25,317).

II 306,38 Über Schubarth handelt jetzt ausführlich Wolfgang Baumgart in dem Aufsatz: Karl Ernst Schubarth. Aus der Frühzeit schlesischer Goetheforschung (Goethe. Viermonatsschr. der Goethe-Gesellschaft. V [1940] 198–217).

II 313,4 (Brieftext) *lies* hoc st. hac.

II 319,32 Die Stelle, wo Wolf von „tabellae Lucilianae" spricht, die er einem Schreiber diktiert, der „die Stunde darauf kein Wort davon weiß", geht nicht auf satirische Skizzen, sondern wird von Süß a.a.O. richtig durch Hinweis auf Hor. Serm. II 1, 30ff gedeutet: ille (Lucilius) velut fidis arcana sodalibus olim credebat libris ... quo fit, ut omnis votiva pateat veluti descripta tabella vita senis.

II 331,2 Jassoy wird auch in einem Brief F. G. Welckers an Karoline v. Humboldt vom 4. Sept. 1816 erwähnt: „Ich habe neulich ein Büchelchen gelesen Welt und Zeit, worin, abgesehen von einigen allzu Seumischen Ideen, ungemein viel Menschen- und Weltbildung und der frischeste Witz herrscht" (Karoline v. Humboldt u. F. G. Welcker. Briefwechsel 1807–1826, hrsg. von Dr. Erna Sanda-Rindtorff. Bonn 1936, S. 211). Wie die Herausgeberin S. 308 bemerkt, wurde Jassoy als begeisterter Nationaldeutscher ein erfolgreicher Schriftsteller und seine Schriften fanden ungeheuern Widerhall bei der Jugend. Der 3. Teil von „Welt und Zeit" ist betitelt: „Des deutschen Michels Geständnisse, Freuden, Leiden und Hoffnungen."

II 331,38 Der Scherz über Buttmann und den stillen Freitag geht, nach Leitzmanns Hinweis, auf Grauns Oratorium „Der Tod Jesu" (1760), das in Berlin regelmäßig am Karfreitag aufgeführt wurde. Ergänzend füge ich die Stelle aus dem Brief Böckhs an Müller vom 22. April 1824 an (Briefw. zwischen August Böckh u. Otfried Müller. Leipzig 1883, S. 138): „Am Karfreitage hat ihn (Buttmann) im Tod Jesu ein fataler Zufall betroffen. Er war im Opernhause heftigem Zugwind ausgesetzt und hat nachher einen Anfall von Schlagfluß bekommen, der ihm die linke Hand steif gemacht hat und den Mund etwas verzogen. Es ist nicht gefährlich; aber er ist etwas kleinmütig geworden, und dergleichen Anfälle pflegen sich zu wiederholen."

II 336 (Brieftext) Verfasser der Inschrift auf der Grabstätte Wolfs ist Böckh, wie ich einem mir vorliegenden Briefe der Tochter Wolfs, Wilhelmine Körte, an Böckh vom 14. Febr. 1854 entnehme: „Ich nehme die Gelegenheit, Ihnen mitzuteilen, daß nun schon seit mehr als Jahresfrist in Marseille alles in bester Ordnung, die Grabesstelle mit Bändern und Ketten umgeben und umpflanzt ist und Ihre schöne würdige Inschrift auf der Marmortafel sie bezeichnet und schmückt."

III 254,Z.24 v. u. *lies* [in]observance Z. 9 v. u. *lies* ses (*st*.ces)

III 266 (letzter Absatz) Auf das von Franck gemalte Bildnis Wolfs beziehen sich, allem Anscheine nach, Zelters Worte im Brief an Goethe vom 2. Febr. 1822 (II 151 Hecker): „Soeben schickt er (Wolf) mir ein neu auf Kupfer gemaltes Bild von sich, worüber er mein Urteil verlangt. Das Bild ist beinahe lebensgroß, ohne Hände, ähnlich und reinlich gemalt und gut gezeichnet. Stirn, Augen, Nase und Mund sind wirklich schön. Fräulein Huldreich (Ulrike v. Pogwisch) will nun in diesem Bilde durchaus nicht den rechten Mann erkennen, dem sie eben nicht zugetan scheint."

Zum Namenweiser gebe ich folgende Ergänzungen und Verbesserungen:
Bohte, Johann Heinrich. - Böttiger, dessen Mutter († 1812); dessen Frau Eleonore († 1832). - Brunn († 1831). - Caspari, Georg Ludwig (1769 od. 1771-1839); dessen Familie: Gattin Auguste, geb. Könnecke, u. zwei Töchter. - Dannecker (1758-1841). - Eichel, August Friedrich (1696-1768). - Förster, Friedrich Christoph (1791-1868). - Franceson, Karl Friedrich, Schriftsteller (geb. 1782). - Görschen, deren Söhne: Karl Heinrich, Oberregierungsrat; Friedrich, Forstmeister in Dessau. - Himly, dessen Frau Luise, geb. Ahrends, Wilhelm Körtes Stiefschwester (1771-1830?). - Hirt († 1837; falsch 1839 in ADB.). - Hudtwalcker; vgl. ADB. - Kleist, Friedrich etc. († 1823). - Klindworth, Lina († 1855), deren Bruder (geb. 1799). - Kohlrausch (geb. um 1780), dessen

Gattin (1815) Henriette, geb. Eichmann, Schwägerin des Gustav Parthey. – Körte, dessen Bruder August Bernhard Christian (1786–1858); dessen Gattin (17. Juli 1809) Wilhelmine (1786–29. Aug. 1861). – Oelrichs (1722–1798). – Oelsner, dessen Sohn Gustav († 1853). – Reinhard (1761–1837). – Ruppersberg, dessen Gattin Johanna (geb. 1784). – Schwenck-Sömmerring (1755–1830). – Stolberg, dessen zweite Frau († 1842). – Thiel (geb. 1783). – Varnhagen, dessen Gattin Rahel (1771–1833). – Volkmann (1772–1856). – Voß, August Ernst, Graf v., dessen Sohn Felix (geb. 1801). – Voß, Wilhelm Ferdinand Ludwig († 1840). – Zinserling († 1818).

# [Berichtigungen zum Textteil des Ergänzungsbandes

| Seite | statt | lies |
|---|---|---|
| XI, Zeile 3 | Vergangenheit | Vergessenheit |
| XII, Zeile 28 | seine | seinen |
| XXII | Jacob | Jakob |
| 1,16 | wenig | nicht wenig |
| 3,24 | mécanique céleste | *mécanique céleste* |
| 3,29 | daß | das |
| 4,35 | preußischen | preußischen! |
| 5,11 | demselben | denselben |
| 6,6 | vermutlich | vermuthlich |
| 6,39 | gepflegt | gepfleget |
| 7,29 | meinem | einem |
| 10,11 | beseitigt | beseitiget |
| 21,32 | sonst | s o n s t |
| 26,5 | Empfehlungskarten | Empfelungskarten |
| 30,7 | ja | ja eine |
| 30,26 | doch | noch |
| 30,31 | vom | von |
| 32,9 | schlechter | schlechte |
| 36,19 | bevollmächtigstes | bevollmächtigtes |
| 39,18 | Correktur | Correctur |
| 41,32 | gehen | gehn |
| 41,33 | großen | großem |
| 45,40 | unlesbarem | unlesbaren |
| 48,10 | ςὸ | ὸς |
| 49,10 | *κυϑεστώς* | *καϑεστώς* |
| 51,34 | nur | nun |
| 64,44 | Sechsern. | Sechsern! |
| 67,12 | *ἐπιλύεται* | *ἐπιλύεται.* |
| 67,36 | *οἱοι,* | *οἱοι* |
| 68,18 | Deutchl. | Deutschl. |
| 68,24 | Banquers | Banquiers |
| 73,35 | Ihrem | Ihren |
| 73,40 | Deutchland | Deutschland |
| 76,3 | letzen | letzten |
| 84,16 | umwiderbringlich | unwiderbringlich |
| 84,24 | ausbezeigten | aus bezeigten |
| 89,21 | noch | nach |

| Seite | statt | lies |
|---|---|---|
| 93,42 | Magister | Magistri |
| 94,40 | Buches | Buchs |
| 95,31 | habe | hab |
| 99,30 | Correcturen | Correctoren |
| 100,39 | habe | hab |
| 101,23 | besonderer | besondrer |
| 105,28 | realisiren | zu realisiren |
| 114,11 | größte | gröste |
| 118,12 | Ihre | Ihre eignen |
| 118,18 | zu thun | zuthun |
| 119,7 | wünsche | wünschte |
| 119,25 | wünsche ich zu behalten | wünsche ich behalten |
| 119,30 | denn | dann |
| 119,36 | Dingen | Dingern |
| 124,13.32; 126,9 | Ephoraths | Ephorats |
| 128,35 | Wenn | Wem |
| 134,21 | bezahlt | bezalt |
| 141,15 | izt | für izt |
| 144,25 | Einen | Einem |
| 161,4 | Sestim | Sestini |
| 161,9 | wiederzahlen | wieder zahlen |
| 165,4 | adolescensium | adolescentium |
| 166,1 | meinen | meinem |
| 166,10 | Göttigen ... ibiest | Göttingen ... ibi est |
| 167,25 | unternahmen | unternahm |
| 168,24 | totfinden | todt finden |
| 169,15 | geistlichen | geistlichen, |
| 169,37 | en tourer | entourer |
| 169,40 | peu, | peu |

Nach dem Facsimile zwischen den Seiten 152 und 153 ist in dem Brief *600a* S. 152,18 *Unternehmung* statt *Untersuchung* zu lesen, 152,21 nach *kurzen* ein Komma und 152,44 nach *Sheldon* ein Punkt einzufügen, 152,28 *manche* zu sperren. In 152,25 ist *der C.[irkel] noch offen* nicht richtig entziffert; das Zeichen nach *das* (nicht *der*) ist kein C, eher ein Sigma. Anspielung auf Martial XIV 87? – R. K.]

# Wortweiser

abfallen (= wegfallen, übrig bleiben): ich bitte jede abfallende Stunden darauf die schärfste Aufmerksamkeit zu wenden 4, 31

ableihen: mir hat jemand diesen Band abgeliehen und nicht wiedergegeben 103, 22

Abspannung (= Lösung der Spannung, Entspannung): Besuche, die Ihnen doch auch zur Abspannung nötig und heilsam sein müßten 76, 6

Abwehrung fremder Konkurrenz 44, 35

Altgläubigkeit: mancher wird sich in seiner Altgläubigkeit mehr erschüttert fühlen 116, 15

Anleiher: diese und jene Sachen dem Anleiher verschreiben 44, 38

Annehmer: die Stelle hatte endlich einen Ab- oder Annehmer gefunden 149, 17

Anteil, n.: das Anteil Ihrer höhern Jahre 116, 24

bald: schreiben Sie mir desto balder 20, 31; auf solche Art würde es Ihnen auch desto bälder möglich sein 23, 17; ebensogut könnten Sie ja lieber bälder hiehergehn 50, 25

bedeuten (= belehren): er ist auch gar nicht zu bedeuten 2, 3

befehligen: wo ich Mitglied desselben zu sein befehligt war (iussus eram) 145, 29

behinsichtigen: alles Künftige berücksichtigende oder behinsichtigende Antwort 21, 41

Beifuge: noch bitte ich diese Beifuge nachzuschicken 159, 10

beiher: es können diese Bogen beiher noch ganz bequem fertig werden 90, 4; beiher ist auch der anliegende Plan geschrieben 5, 45

beschicken (= zu einem schicken): ich muss Schleiermacher beschicken 74, 15. – (= ordnen, abwarten): er (Spalding) soll wenig zu beschicken gelassen haben, nämlich wenig andern überlassen 56, 33

beschmeißen: mit seiner Selb- und Gelbsucht II 35

Betrieb, n. (= Anspornung, Veranlassung): auf sein Betrieb 154, 6

Bevorredung: da ich solche Bevorredung von jeher aversierte 42, 19

Bewegungsgrund: da ich aus mehrern dringenden Bewegungsgründen wünsche 104, 38

Buchkrämer Weigel in Leipzig 44, 44

büßen (= bezahlen): von einem Lohnarbeiter besorgt, wäre dieser Luster noch 3mal höher gebüßt worden 20, 38

Ehrenwort (= Wort zu Ehre und Auszeichnung): es drückt mich im Herzen, dass ich den Herren Bibliothecaren nicht einmal ein Ehrenwort habe sagen können 125, 13

erblassen (= sterben): so stünde er beschämter, ja blasser da als sein nun erblaßter Patron 74, 36

erfinden: ich versuchte es mit einem dritten, um zu sehen, wie der erfunden würde (= sich zeigen würde) 72, 34

erpochen: über Ihre ungeheure Zulage

wundert sich jeder, der nicht weiß, wie es erpocht werden mußte 64, 45

Federprobe: die neulich über Platonisches edierte Federprobe 64, 10
Fragstück: wollen Sie nicht ein und anderes von den Fragstücken beantworten? 15, 39; izt in Eil noch ein und anderes Fragstück 64, 27

gleißen: vertrauen Sie sich nicht gleißender Freundschaft an 83, 16

häcklig (= mit Haken, Schwierigkeiten versehen): häckliges Büchlein 55, 30
hasenschartig: der hasenschartige Schäfer 83, 18
Hockerei (= Stockung des Geldes?): das neue hiesige Jahrgeld habe ich liegen lassen, da sie in vorigem Jahr eine nicht ganz unbedeutende Hockerei machten [Heckerei = τόκος? Vgl. 30, 43; 31, 24; 34, 29. – R. K.] 41, 40

jagen: damit jägt ihn Schneider zu den Raben 56, 12

Kehricht: ich werde genauesten Kehricht halten wegen Collationen, die ich habe oder vielmehr nicht habe 64, 23
krüppelhafte Lettern 64, 32
Kündigung (= Ankündigung): da niemand nun nach der Kündigung sich darein mischen möchte 57, 29
Kurzlautheit: bald aber, hoffe ich, enden Sie Ihre Kurzlautheit 34, 32
kürzlich (= auf kurze Art): ich muß kürzlich bemerken 140, 23
Kurzsylbigkeit: es schien, als wollten Sie aus der alten Kurzsylbigkeit in ein gänzliches Schweigen übergehen 85, 4

Lebensspanne: die kurze mir übrige, durch 1000 Dinge verbitterte Lebensspanne 153, 41
leidig: dazu kommt noch etwas viel Leidigeres 155, 28
letztens (= neulich, jüngst) erhalten 96, 23
Luster (= Auszug, Übersicht): von einem Lohnarbeiter besorgt, wäre dieser Luster noch 3mal höher gebüßt worden 20, 38

Mannskraft: der Mannskraft vergessen 86, 11

Maul-Patrioten 4, 34
mißkennen: etwas von dem gelesensten Autor im Latein mißkennen 116, 17
Mitleiden (= Mitleid): es ist nicht bloß Mitleiden, was uns die Bestimmung erschwert 102, 24

nachbleiben: meine nachbleibende Familie 85, 16
Nacheifer: eine den Nacheifer reizende Aufmunterung verschaffen 125, 33
Nachlassung von 114 Rthlrn 145, 1
nächstes (= letztes): umso erfreulicher war mir Ihr nächstes Briefchen 23, 6
Nachteiligkeit von Dozenten, denen der ambitus elementarischer Kenntnisse fehlt 93, 27
Neidgeifer: welch eine von Neidgeifer volle Rezension 79, 5
nutz: durchprüfen, was am meisten nutz und noth und leicht ist 37, 27

obhaben (= aufhaben, auf sich haben): meiner noch obhabenden Amtspflicht gemäß 104, 37
obwalten: wegen des zwischen dem ersten Bibliothekar und mir obgewalteten freundschaftlichen Verhältnisses 111, 34
ohnedem wird bloß eine vorläufige Erklärung von mir gefordert 112, 6

pflegen: wiewohl Humboldt stets dergl. zu tragen pflag und noch pflegt 64, 41

Plänchen: ein wenigstens zum Tausch ganz annähmliches Plänchen 18, 3

Pratsche (= Bratsche): sich mit seiner Pratsche in die Linien stellen 2, 5

reuvoll: ein Erholungsgeschäft, um Sie von dem reuvollen Ausgehn abzuhalten 79, 4

Sächelchen 64, 34

scheinbar (= einleuchtend, in die Augen fallend): worüber zu klagen man sehr scheinbare Ursache haben könnte 26, 34; viele und sehr scheinbare Entschuldigungen 102, 16

schlangenartig: der schlangenartige Heindorf 83, 32

Schlendriansrecht = Gewohnheitsrecht 93, 30

Schrecknis: so würden Sie sich alle Schrecknisse ersparen 67, 4

Selbstkampf: dies Gewäsch hat mich dann von selbst endlich – nach vielem Selbstkampf – dahin bestimmt, nie wieder Deutsch zu schreiben 79, 11

Singsang: in eins weg in diesem Singsang lesen (»verächtlich für schlechten Sang, zuerst von Campe verzeichnet« Heyne, DWb.) 16, 11

sperren: in 7 oder 8 Wochen wird kaum erst das Ganze fertig, das sich in so großen Lettern sperrt 45, 44

Spitzsinn, hin und her fahrender 5, 28

Stadtläufer: das Nähere habe ich meinen Stadtläufer aufschreiben lassen 72, 39

stören: obgleich ich Ihnen, dem ich an der Ausführung den größten Anteil zudachte, in Ihren dortigen Arbeiten nicht stören wollte 37, 21

Tuckmäuser 38, 5

überdas (= überdies) hat das neue Berlin viele recht sehr schlechte Menschen 49, 32

überdem mußte ich auf ein Ultimatum von Ihnen hoffen 82, 29; könnte leicht die Bedingung von Ihnen gemacht werden 126, 18

Übermachung des Honorars 158, 4

umgehen: daß mehrere Mitglieder kein Vertrauen auf meine Genauigkeit gesetzt hätten und deshalb mich so still umgangen wären 113, 29

Umstimmung (= Abstimmung): die Sache zur allgemeinen Umstimmung bringen 126, 34

Unartigkeit: ohne Unartigkeit hätten Sie Ihren Freund Raumer um ein Wort zu Ihrem Vorteil bitten können. Er selbst hat die Unartigkeit gehabt 61, 40

unerachtet einiger Zusammentreffungen 113, 3; alles Erinnerns 155, 30

ungangbares Buch 96, 23

Unzweck: für literarische Zwecke oder Unzwecke wurde liberal gesorgt 65, 1

Verfahrungsart: zweierlei verschiedene Verfahrungsarten 111, 38

Verfolg (= Verlauf): man hört dies und jenes, was den Verfolg leitet 45, 20

verliegen: verlegene ungültige Münzen 72, 37

Verselei: meine Progressen in der lateinischen Verselei 86, 6

Wagstück: meine herzlichsten Wünsche zur Vollendung des kühnen Wagstücks 83, 44. – Das Wort, von Wieland im »Glossarium über die im Oberon vorkommenden veralteten oder fremden, auch gewagten Wörter, Wortformen und Redensarten« als altes noch landschaftliches Wort bezeichnet und zu neuem Umlauf empfohlen (vgl. Heyne,

DWb.), begegnet wiederholt in Goethes Briefen

weiland (= vormals, vor Zeiten): das Verhältnis bliebt immer, wie weiland 74, 25

Wenigkeit der Blätter 85, 12

Werdung: der Homer muß die Spuren seiner allmähligen Werdung auch in den Kleinigkeiten behalten 25, 8

Willigkeit: ob mir gleich seine Willigkeit Ernst schien 73, 48

worohne: ich habe noch keine Revision erhalten, worohne dieser Bogen nicht abgezogen werden kann 140, 25


zeitfressend: da die ganzen Opera Platon. ein zeitfressend Unternehmen sind 67, 35

Zeitgenuß: ist es nur auch ein Zeitgenuß, nicht eine vita vitalis in studiis? 11, 22

zeitreiche Einsamkeit 17, 19

ziehen (= beziehen): ein Buch von Leipzig ziehen 48, 20; zwei Monate habe ich Ihnen um 25 Rthlr jedesmal mehr gezogen 64, 44. – (= einziehen): die von Millin über Florenz zu ziehenden Nachrichten 75, 12

Zubehör: Text und Zubehör 103, 21

Zugangbarkeit jener Codices 46, 2

Zusammentreffung: unerachtet einiger Zusammentreffungen ist der Entwurf mein Eigentum 113, 3

zuweilig: durch zuweilige Anstellung von 2 Setzern 110, 14; zuweiliger Verleger (= der sich zuweilen als Verleger seiner Drucke geriert) 139, 13

# Namenweiser

Anführungen aus dem Erläuterungsband ist II vorgesetzt. *

Abbt, Thomas, philosophischer Schriftsteller (1738–1766) II 82

Akademie der Wissenschaften in Berlin 30, 8; 37, 46; 50, 11.42; 80, 3; 139, 23; 147, 19; II 3.

Aldi 77, 10; II 35

Alexis, Dichter der mittleren attischen Komödie, geb. um 392 v. Chr., erreichte ein Alter von 106 Jahren 65, 40

Alter 95, 21; II 33

Amati, Girolamo, ital. Archäologe (1768–1834) II 15

Amyot, Jacques, franz. Altertumsforscher, Übersetzer von Daphnis und Chloe des Longus (1513–1593) II 15

Analekten, Literarische 152, 22; 154, 29; 157, 16; 159, 25

Anaxandrides, Dichter der mittleren attischen Komödie (geb. ca. 400) 65, 40

Anecdota ed. Bekker 46, 30; 63, 37; 66, 41; 68, 16; 71, 12; 77, 1; 86, 31; II 17. 31

Angiolini, chevalier II 49

Antiphanes, Dichter der mittleren attischen Komödie (ca. 408–ca. 334) 65, 40

Anton, Konrad Gottlob, Prof. der oriental. Sprachen in Wittenberg (1745–1814) II 41

Antoninus Liberalis, griech. Mythograph (2.–3. Jh.) II 13

Apollodoros aus Athen 26, 19

Apollonios Dyskolos 8, 37; 10, 19; 15, 11. 30; 21, 22. 38; 22, 18. 25; 28, 11; 29, 12; 30, 22; 31, 34; 33, 14; 35, 39; 36, 13. 41; 37, 6; 38, 16; 39, 11; 40, 22. 34; 41, 21; 42, 16; 43, 9. 33. 43; 44, 39; 45, 30; 46, 8; 47, 1; 48, 9; 49, 11. 16; 50, 16; 52, 29. 35; 55, 7. 26; 56, 3; 57, 5; 58, 3; 59, 3. 46; 60, 23; 61, 34; 62, 20; 63, 11; 66, 31; 70, 4. 30; 71, 23; 73, 30; 74, 43; 77, 6; 81, 38; 85, 26; 148, 6. 34

Araros, Sohn des Komikers Aristophanes, Dichter der mittleren attischen Komödie (um 375 v. Chr.) 65, 40

Aratos aus Soloi in Kilikien, Dichter (um 310–um 245) 43, 27

Aretin II 82

Aristainetos, Epistolograph (5. Jh. n. Chr.) II 13

Aristophanes, Komödiendichter 30, 18; 31, 14; 33, 9; 56, 46; 65, 26; 66, 35; 69, 1; 73, 39; 76, 34; 77, 24; 79, 31; 103, 21; II 29. 32. 68. 82

Aristoteles II 54

Arnim II 81. 85

---

* Nur den Namen, die nicht bereits im Namenweiser (Bd. III, S. 281 ff. der Wolfbriefe) begegnen, sind hier nähere biographische Daten beigefügt. Wo solche schon in jenem Namenweiser, auf den hingewiesen sei, gegeben sind, werden sie hier nicht wiederholt.

Aeschines 11, 2; 14, 18; 29, 23; 46, 30; 54, 25
Aeschylus 166, 31; II 62
Aesopus, Fabeldichter (um 550 v. Chr.) 42, 36
Aspasia, Freundin des Perikles II 22
Ast 15, 43; 16, 12; 59, 8; 78, 22; 80, 10; II 8
Aubignac, Abbé d', s. Hédelin
Auger 40, 1

Bahrdt 89, 9; 166, 34; II 41, 42
Bakchylides, Lyriker (um 505–ca. 450) 55, 38
Barbou, Joseph Gérard, Buchhändler u. Buchdrucker in Paris (1715–1813) 54, 38
Barker II 73
Barnes 20, 6
Barth, Johann Ernst, Buchhändler in Leipzig
Bast 8, 32; 10, 19; 12, 7; 24, 21; 28, 10; 29, 11. 21; 31, 39; 32, 23; 36, 23; 37, 15. 39; 40, 2. 29; 42, 41; 45, 8; 52, 8; 55, 26; 56, 40; 58, 26. 39; 65, 18. 33. 38; 66, 18. 42; 74, 34; 77, 7; 78, 4. 35; 81, 6; II 4. 16, 19. 28
Bauer, Karl Ludwig, Rektor in Hirschberg (1730–1799) 95, 4; II 73
Bayern, s. Ludwig I.
Beaumont, Francis, brit. Dichter (1584–1616) II 72
Beck 33, 11; 73, 32; 95, 21; 158, 29
Beer, Christian v., Staatsrat, Vicegouverneur von Livland (geb. um 1750) II 62
Bekker 137, 10; 140, 35; 148, 34; II 62–64
Bellermann
Bernadotte II 65
Berthier II 64. 81
Bertram 96, 31. 37; 99, 11. 32. 41; 100, 16. 22
Bertuch 134, 17. 26; II 65
–, dessen Gattin 132, 14
–, dessen Familie: Sohn Karl, Buchhändler, Landkammerrat in Weimar (1777–1815), Tochter Charlotte, verehelichte Froriep (1779–1839) 132, 14
Bessarion, Basilius (od. Johannes), Kardinal (1403–1472) II 7
Bethmann 160, 6
Beulwitz, Karoline, geb. v. Lengefeld (1763–1847) II 1
Bibel, N. T. 117, 17; 127, 23; II 54. 78
Bibliothek, Allgemeine Deutsche 100, 29
Biester 95, 16; 99, 6; II 82
Blumenbach 142, 17
Blümner, Heinrich, Magister der Philosophie u. Doktor der Rechte, seit 1794 Ratsherr zu Leipzig, Schriftsteller (1765–1839) II 62
Böckh 15, 31; 17, 20; 29, 25; 31, 12; 37, 18; 41, 6; 44, 16. 45; 52, 35; 56, 22. 35; 66, 20; 67, 38; 68, 39; 70, 1 .9. 13; 71, 24; 73, 45; 74, 11; 76, 31. 38; 78, 24; 79, 38; 148, 17; 149, 37; II 10. 11. 15. 62. 86. 87
Böhm, Andreas, Verf. einer Logica ordine scientifico in usum auditorum conscripta. Frankfurt 1749. 2. Aufl. 1768 (†1790)
Böhme, Jakob, Mystiker u. Theosoph (1575–1624) 121, 30
Boileau II 78
Boissonade 8, 32; 12, 7; 42, 41; 45, 9; 74, 30. 33; II 20. 33
Bölicke 134, 4; 140, 4; II 65
Bonaparte, Josef, 1806 in Neapel zum König beider Sizilien ernannt (1768–1844) II 62
Bonnell, Karl Wilhelm Eduard, Philologe, Schulmann (1802–1877) II 24
Borgold s. Porgold
Bos 16, 13
Böttiger 158, 27; II 26. 54. 77
Bouhier 80, 29
Bredow 99, 10
Brehm, Georg Niklas, 1786 ao. Prof. der Philosophie in Leipzig (1753–1811) 104, 25

Breitinger, Johann Jakob, Schweizer Ästhetiker (1701–1776) II 36
Brinckmann II 21
Bröndsted 12, 39; 19, 7; 28, 9; 32, 35; 35, 35; II 10. 16
Broes II 79
Brotier 54, 40
Brunck 30, 20; 54, 12; 103, 21; II 38
Brunn, Friedrich Leopold (1758–1831) 159, 39
Bruns, Paul Jakob, Prof. d. Literargeschichte u. der orientalischen Sprachen in Helmstedt (1743–1814) II 59
Buhle, Christian Adam Adolf, Lehrer am reformierten Gymn. zu Halle, Privatdozent für Naturgeschichte an der Universität, Inspektor des zoolog. Kabinetts zu Halle (1773–ca. 1838) 108, 32
Burkhard 28, 17
Burmann, Peter, der ältere II 41
Busse
Buttmann 1, 24; 2, 32; 5, 23; 13, 25; 31, 13; 41, 34; 42, 48; 43, 26; 45, 32; 56, 22. 33; 74, 43; 78, 39; 80, 4; 82, 16; 83, 17; 141, 33; 143, 40; 145, 15; 148, 15. 32; 152, 29; II 23. 65. 84. 87
Büttner, Friedrich, seit 1817 Lehrer am Gymn. zu Prenzlau, hierauf Privatlehrter in Potsdam (geb. 1793) 159, 22; II 72. 73

Camões, Luiz de, portug. Dichter (nach 1524–1580) 8, 28
Carmer, Wilhelm Graf v., Rechtsgelehrter, preuß. Kammergerichtsrat (1772–1841) II 66
Carus, Friedrich August, Prof. der Philosophie in Leipzig (1770–1807) II 76
Casaubonus 29, 6; II 6
Catel, Samuel Heinrich, Prediger an der Hospitalkirche der französ. Gemeinde in Berlin (1758–1838) 12, 32; II 6
Catholniksches Instrument 134, 35

Catullus, C. Valerius (um 87–54 v. Chr.) II 44
Cervantes Saavedra: Novela, La Tia fingida 157, 16; 159, 28
Chardon de la Rochette 28, 22; 31, 7; 32, 37; 34, 1; 42, 40; 58, 44; II 16
Choiroboskos, Georgios, byzant. Grammatiker (6. Jh.) II 38
Cicero 10, 35; 54, 39; 93, 39; 116, 9; 144, 3; 152, 8; 166, 5; II 75
Cinnamus (Kinnamos) Iohannes, byzant. Geschichtsschreiber (um 1143–um 1185) II 34
Clavier 26, 17; 28, 1. 18; 29, 7; 30, 14; 32, 12. 37; 36. 17; 42, 25; 47, 5. 30; 49, 14; 58, 30. 35
–, dessen Gattin 58, 37
Colbatzky, s. Kolbatzky
Contessa, Karl Wilhelm Salice =, Dichter (1777–1825) II 83
Cooper, s. Shaftesbury
Coray 2, 34; 23, 26; 28, 1. 34; 29, 2. 4. 13; 42, 35; 43, 36; 57, 21; 63, 15; 65, 4; 66, 38; 67, 2; 70, 26; 82, 15; II 2. 25. 26
Cornarius, Janus (Johann Haynpol od. Haipol), medizinischer Prof. in Marburg, darauf in Jena (1500–1558) 54, 18
Corsini, Odoardo, ital. Epigraphiker (1702–1765) 129, 23; II 59
Courier 29, 6; 33, 1; II 15
Cousin, Victor, philos. Schriftsteller (1792–1867) II 37
Crede, Heinrich, Prof. der Philosophie auf der Universität Marburg (1761–1814) 96, 21
Crusius II 48. 49

Dacier, André, franz. Philologe (1651–1722) II 69
–, dessen Gattin Anne, s. Lefèbre
Damm, Christian Tobias, Rektor des Köllnischen Gymnasiums in Berlin (1699–1778) II 9

Dante Alighieri II 72
Debrosses, Charles (Carolus Brossaeus), franz. Geschichtsforscher (1709–1777) 80, 25
Dechering, Fabianus, Commissarius Generalis in Münster 121, 21
Delalain, Jacques Auguste, erwarb von den Erben des Barbou dessen Buchdruckerei und Buchhandlung (1774–1852) II 23
Delbrück, Johann Friedrich Gottlieb II 76
Delmar, Ferdinand Moritz Levi, Freiherr v., preuß. Lieferant in Paris (1780–1858) 54, 6; 56, 25; 72, 33; II 22
Demosthenes 1, 20; 4, 10; 8, 38; 10, 33; 11, 2; 19, 1; 21, 13; 29, 23; 30, 35; 46, 29; 59, 16
Denon 123, 19; II 56
Dietrich, Heinrich, Buchhändler in Göttingen (1761–1837) 117, 18
Dietlein, Johann Karl, Buchdruckereibesitzer in Halle 139, 14
Diodor II 54, 85
Diomedes, griech. Grammatiker, Kommentator des Dionysius Thrax II 38
Dionysios Thrax 63, 38
Diphilos, Dichter der neuen attischen Komödie (geb. ca. 355) 65, 40
Dohm II 26
Dorow 74, 17
Drakon von Stratonikeia (2. Jh. n. Chr.) 46, 7; 63, 39
Dreyssig, Buch- und Kunsthändler in Halle 107, 2; 135, 18; 139, 14
Dryander, Benjamin Hermann, Quästor u. Bibliothek-Kassen-Rendant in Halle, Hofrat 105, 17; 132, 22; II 61
Dubendorf in Berlin 29, 38; 30, 32
Du Cange, Charles du Fresne, Sieur, Lexikograph (1610–1688) 77, 4
Dureau de La Malle, Jean Baptiste Joseph René, franz. Schriftsteller, Übersetzer (1742–1807) 80, 32

–, dessen Sohn Adolphe Jules César Auguste, Philologe u. Archäologe (1771–1857) 80, 32
Dutheil s. Laporte-Dutheil

Eberhard 6, 23. 29; 102, 42; 166, 14; II 3. 56. 59. 60. 62
Eichstädt 2, 34; 11, 32; 12, 7; 14, 13; 15, 14; 16, 22; 20, 14; 23, 28; 25, 35; 27, 10; 36, 27; 39, 27; 43, 32; 44, 27; 47, 10. 23; 72, 36; 158, 30; II 6. 25. 54. 83
Ennius II 5
Epicharmos, Komödiendichter (ca. 550–460) 65, 40
Epikuros (341–270) II 77
Erasmus II 5
Erfurtische Gelehrte Zeitungen 95, 10; 100, 35
Erlanger Gelehrte Zeitungen 95, 24
Ernesti, Johann August II 69, 79
Erotici scriptores II 54
(Deutschlands) Erzähler, volkstümliches Unterhaltungsbeiblatt zum Hallischen Kurier, hrsg. von Kolbatzky 131, 14
Eschenbach, Andreas Christian, Philologe (1663–1722) II 7
Escher II 77
Etymologicum Magnum (10. Jh.) 17, 4; 28, 20; 46, 5; 47, 8
Eupolis 65, 41
Euripides II 77
Eustathios 13, 10; 17, 3; 20, 5. 8

Faber, s. Lefèbre
Fabri II 46
Falk II 78
–, dessen Vater II 78
Faudon, »correspondant« des Bankhauses Liechtenstein et Viallar in Montpellier (bei Körte heißt er wohl fälschlich *Tandon*) 169, 44
Faure, Auguste 168, 12
Fénelon, François de Salignac de la Mothe, Schriftsteller (1651–1715) II 6

Ferdinand I., König beider Sizilien (1751–1825), seit 1759 in Neapel als König Ferdinand IV. 136, 27; II 62
Ferguson 96, 20
Feßler, Ignaz Aurelius, Schriftsteller (1756–1839) II 66
Fichte 79, 42; 148, 26
Ficinus 54, 17
Fischer, Prediger im Magdeburgischen 102, 21
–, dessen Sohn 102, 19
Fischer, Gottlob Nathanael 95, 5
Fischer, Johann Friedrich 3, 15; 64, 11
Fischer, Johann Karl Christian II 46
Fleckeisen, Karl Gottfried (†1814), Begründer der Akademischen Buchhandlung zu Helmstedt (1790) II 58
Fletcher, John, brit. Dichter (1579–1625) II 72
Flora 90, 17
Fontane, Theodor, Schriftsteller (1819–1898) II 10
Fontani, Francesco, Abbate, Bibliothekar der Riccardiana in Florenz (†1818) II 32
Förster, Johann Christian 94, 14; II 42. 45
Forster 90, 16; 92, 10; 166, 14. 23
Foster, Jacob, engl. Theologe (1697–1753) 129, 22; II 59
Fourmont 28, 37; 30, 2; 65, 36; II 14
Franck II 87
Franke, Friedrich 95, 31. 33
Frenzel, Kriegsrat, seit 1791 Archivar der preuß. Ak. d. W. 147, 19
Friedel, Kammergerichtsrat II 66
Friedemann, Friedrich Traugott, Schulmann, Direktor des Archivs in Idstein (1793–1853) II 29
Friedländer, Moses 170, 9
Friedrich II., der Große II 21. 25. 70
Friedrich Wilhelm II. 94, 26; II 84
Friedrich Wilhelm III. II 65. 80
Fritsch 110, 7; II 49
Frommann 150, 22

Froriep II 65
Fulda, Fürchtegott Christian, Theologe u. Pädagoge in Halle (1768–1854)
Fülleborn II 46
Fulvio, Andrea, ital. Altertumsforscher (XV.–XVI. Jhdt) 129, 20; II 59
Funk, Gottfried Benedikt 95, 6; II 76
Furia II 32
Fuss, Johann Dominik, Philologe u. Dichter (1782–1860) 42, 30; 43, 37; II 19

Gail 26, 22; 27, 9. 36; 29, 1; 33, 22; 42, 39; 48, 22; 57, 41; 80, 13; 81, 31; 82, 18; 83, 27
Gall 78, 8
Gallitzin, Adelheid Amalia, Fürstin (1748–1806) II 26
Gaza s. Theodoros
Gebauer, Johann Jakob 166, 32; II 41
Gedike 7, 9; 95, 5; 104, 10; II 47. 63. 82
Gerning II 86
Gérôme s. Jérôme
Gesner 88, 29; 164, 27
Gierig, Gottlieb Erdmann, Philologe (1752–1814) 117, 16
Giesebrecht, Karl Heinrich Ludwig 149, 18; II 70
Gilbert 114, 42; II 51. 52. 53. 60
Gleditsch, Johann Friedrich, Buchhändler in Berlin 95, 38
Gleim II 72
Göckingk 164, 18
Goldhagen, Johann Eustachius, Philologe (1701–1772) 88, 28
Göschen, Georg Joachim 5, 36; 8, 3; 157, 37; II 54. 65
–, dessen Sohn Karl Friedrich 159, 7
Göschensche Buchhandlung 9, 1
Gosselin, Pascal Francois Joseph, franz. Altertumsforscher (1751–1830) II 15
Gothaische Gelehrte Zeitungen 95, 17
Goethe 12, 7; 15, 45; 52, 4; 60, 20; 116, 20; 125, 18; 167, 4; 168, 34; II 6. 8. 15. 19. 26. 32. 61. 62. 71. 73. 81. 82. 83. 84. 85. 86. 87

Graun, Karl Heinrich, Komponist (1701–1759) II 86

Grave, Charles Joseph de, Jurist in Gent, Politiker († 1805) 19, 13; II 10

Gregorius Corinthius, Grammatiker (12. Jh.) 44, 43; 60, 31; 66, 44; 78, 35; II 4

Griesbach 127, 23; II 54

Gronovius II 79

Gross 89, 23

Grossing 90, 25; 91, 13; 92, 9; 93, 8

Grunert 94, 40; 95, 8

Güte, Heinrich Ernst, Pfarrer, 1791 als ao. Prof. für Erklärung des A. T. berufen († 1805) 138, 16


Hagen, Karl Ernst v. II 81

Hallescher Kurier (politisches Blatt) 69, 16; 131, 13

Hand 154, 31

Hannchen, s. F. A. Wolf u. Ruppersberg

Hardenberg 49, 36; 50, 5; 53, 3.17; 61, 43

Hardt 73, 15; II 36

Harles(s) 95, 24

Harpokration 10, 36

Harscher, Nikolaus aus Basel, wo er kurze Zeit als Arzt praktizierte (1783–1844) 1, 30; II 1. 31

Hase, Karl Benedikt 28, 6; 29, 22; 30, 13; 33, 20; 34, 3; 36, 25; 37, 43; 39, 23; 42, 33; 43, 28; 46, 6; 56, 40; 60, 32; 63, 7. 15; 65, 29. 37; 69, 32; 76, 24. 40; 77, 29; 78, 29; 79, 35. 40; II 16. 20. 35

Haeseler 166, 2

Hecker, Andreas Jakob, Oberkonsistorialrat, Direktor des Friedrich-Wilhelms-Gymnasiums in Berlin (1746–1819) II 57

Hédelin, François, abbé d' Aubignac, franz. Schriftsteller (1604–1676) II 49

Heeren 164, 28

Hegesippos v. Sunion, Redner, Zeitgenosse des Demosthenes II 5

Heiberg, Peter Andreas, dän. Dramatiker u. politischer Schriftsteller, seit 1800 Chef du bureau des relations extérieures in Paris (1758–1841) 28, 21; 82, 26; 83, 39; 84, 1; II 14

Heilingötter, Lucia, Wirtin in den Drei Mohren zu Karlsbad II 82

Heindorf 1, 25. 28; 2, 32; 3, 10; 5, 22; 13, 25; 31, 11; 33, 27; 37, 15; 38, 5; 41, 4; 44, 16. 45. 46; 45, 2; 47, 39; 48, 32; 49, 24. 33. 36. 41; 50, 3. 9. 13; 52, 31; 53, 5.10.38; 56, 11. 16; 58, 27; 64, 11; 66, 17; 69, 5; 83, 18. 32; II 84

Heine, Heinrich, Dichter (1797–1856) II 22. 86

Heinrich, Karl Friedrich II 70

Heller, Johann Gottfried 90, 15. 30

Helmont, Jean Baptiste van, Mediziner u. Philosoph (1577–1644) 121, 30

Hemmerdesche Buchhandlung II 2. 12

Hendel II 43

Henke 4, 21

Herakleitos 15, 37; II 66

Herder 134, 21. 24; II 54, 61

Herel, Johann Friedrich, Prof. der alten Literatur in Erfurt bis 1771, dann privatisierend (1745–1800) 95, 10

Hermann, Gottfried 4, 5; 7, 27; 11, 1; 14, 16.25; 15, 34.40; 17, 24; 22, 31; 27, 32; 30, 16; 33, 16; 53, 11. 14; 64, 35; 70, 16; 71, 23; 83, 32; 158, 27; II 9. 22. 27. 78

Hermeias 52, 24; 59, 10; 73, 12; 78, 23; 80, 10. 42

Hermogenes II 29

Herodianos, Historiker 94, 37; 95, 4. 30; 117, 21

Herodianos, Ailios, Sohn des Apollonios Dyskolos, Grammatiker (2. Hälfte des 2. Jh.) II 70

Herodot 32, 33; 58, 33; 152, 26. 30

Herz, Henriette, geb. de Lemos (1764–1847) II 4

Herzlieb, Wilhelmine, Gattin des Jenaer Prof. Joh. Ernst Immanuel Walch (1789–1865) II 73

Hesiod 28, 22; 29, 8; 30, 20; 33, 9; 166, 24
Hessen-Darmstadt, s. Ludwig X.
Heumann, Johann Heinrich, Pädagoge (geb. 1751) 166, 32
Heusde 13, 25
Heydrich 153, 31; 154, 6
Heyne 83, 24; 95, 11; 162, 23; 163, 37; 164, 11. 21. 31; 166, 9; II 46. 53. 76. 77
Hildebrandt, Georg Friedrich, 1793-1799 Prof. der Medizin, Chemie, Physik in Erlangen (1764-1816) II 60
Hiller, Gottlieb, Naturdichter in Köthen (1778-1826) 60, 14
Himly 150, 17
Hippokrates von Kos, Arzt (um 460-um 359 od. 377) 29, 2
Hirt 141, 31; II 66
Hitzig (vorher Itzig) 35, 17.40
Hoffbauer 124, 42
Hoffmann, Johann Wilhelm, Besitzer der Hoffmannischen Buchhandlung in Weimar 134, 19
Hoffmann, Karl Christoph v. II 51
Homer 2, 20; 3, 31. 44; 4, 30; 7, 19. 22; 10, 28; 11, 29. 33; 13, 1. 10. 24; 14, 13; 16, 21; 17, 4. 6; 18, 20; 19, 27; 21, 5; 22, 18. 29.32; 25, 3. 22; 26, 22; 27, 39; 28, 10; 29, 11; 30, 11; 31, 11;32, 31; 34, 31; 35, 19; 36, 8; 37, 40; 39, 22; 40, 21; 41, 27; 51, 24; 55, 39; 60, 29; 63, 16; 69, 15; 81, 4; 85, 30. 38; 86, 19. 30; 88, 9; 89, 38; 96, 27. 34; 97, 3. 6. 17; 98, 23. 30; 99, 6; 100, 13; 104, 18; 116, 14; 117, 3. 23. 32; 118, 3. 32; 120, 1; 125, 16; 127, 27; 141, 5; 154, 38-157, 10; 157, 26-159, 15; II 65
Hymnen 4, 1; 7, 28; 14, 17; 22, 31; 140, 25
Batrachomyomachie 1, 22; 2, 30; 4, 5
Scholien 14, 11; 19, 16; 20, 6; 27, 6; 34, 27; 35, 12.32; 82, 35; 86, 20; II 11. 38
Horaz 8, 29; 19, 40; 21, 24. 31; 42, 20; 80, 29; 149, 40; 162, 9; 166, 5. 22; II 86
Hottinger II 75. 83
Hufnagel, Wilhelm Friedrich, Theologe, Konsistorialrat in Frankfurt am M. (1754-1830 (?)) 27, 33
Humboldt, Alexander v. 28, 12; 63, 9; 135, 36
Humboldt, Wilhelm v. 20, 20; 24, 32; 25, 32; 26, 14; 27, 14; 28, 4. 11. 29; 30, 31; 31, 16; 44, 8; 46, 16; 50, 42; 55, 6; 62, 30; 63, 9; 64, 41; 80, 27; 147, 7; II 22. 67. 80. 84. 85
-, dessen Gattin Karoline 33, 2; II 84.86
Hundt, Bankdirektor in Berlin 147, 33
Huschke 95, 36
Hüpeden 164, 4

Ibell 167, 25
Ideler 143, 11. 38; 145, 14; 146, 5. 11; II 46
Intelligenzblatt der Jenaer-Hallischen Literaturzeitung 58, 13; 118, 9
Ioannes Lydos, griech. Schriftsteller (490-ca. 565) 77, 37; II 19
Ionnes Sikeliotes, Kommentator des Hermogenes (3. Jh. n. Chr.) 65, 36; 66, 45
Itzig aus Berlin, Neffe des Buchhändlers Hitzig 35, 17. 40

Jablonski, Paul Ernst, protest. Theologe u. Orientalist (1692-1757) 129, 18; II 58
Jacobi II 8. 26. 83
Jacobs II 30.35.71
Jahrbücher, Heidelbergische der Literatur 14, 15; 22, 32; 23, 16
Jakob, Ludwig Heinrich v. 108, 1; 131, 7; II 52. 53. 54. 60. 79
Jani, Christian David, Philologe, Rektor des Gymn. in Eisleben (1743-1790) 166, 32
Jassoy II 86
Jérôme Bonaparte 4, 34
Jesus Christus II 41, 59
Journal de Paris 69, 15
Julius, Herzog von Braunschweig (1528-1589) II 6

Kalckreuth, Friedrich Adolf, Graf v., preuß. Feldmarschall (1737-1818) 1, 16

Kallimachos 35, 20
Kannegießer II 72
Kant 56, 23; 94, 11
Karsch, Anna Luise (»die Karschin«), Dichterin (1722-1791) II 85
Kemme II 56
Klein II 45
Kleist, Heinrich v. II 6
Klindworth, Johann Georg Heinrich II 85
Klügel 4, 22; 109, 6; 115, 20; 131, 27; II 42. 43. 50. 53. 59. 60
Knapp 11, 38
Knebel II 81, 83
Koch, Erduin Julius 95, 31
Köhler, Johann Bernhard II 82
Kolbatzky od. Colbatzky, Colbatzki, Czlolbzacsky, Friedrich Wilhelm Paulow v., Magister, Herausgeber der Zeitschriften: Hallischer Kurier u. Der Erzähler (†1841, 90 Jahre alt) 131, 10
Koen II 20
Koenen, v., Kriegs- u. Domänenrat II 66
König, A., Buchhändler (?) in Straßburg 105, 42
Königsbergische Gelehrte Anzeigen 95, 9
Königsmann, Bernhard Ludwig, 1784 Konrektor, 1796 Rektor der Gelehrtenschule zu Flensburg (1748-1835) 149, 31
Kopitar II 29
Köpke, Georg Gustav Samuel 104, 3; II 47
Köpp 166, 2
Koppe, Johann Benjamin, evangel. Theologe (1750-1791) 117, 17
Köppen 163, 36; 164, 7
Koreff, David, Ferdinand, Arzt, Schriftsteller (1783-1851) 42, 31; 51, 25; 60, 13; II 25
Körte, Wilhelm 56, 28; 151, 34; II 38. 72
-, dessen Gattin Wilhelmine, geb. Wolf (s. dort)
Kratinos, Dichter der alten attischen Komödie (um 520-um 423) 65, 40

Krebs II 71
Krusemarck, Friedrich Wilhelm Ludwig v., preuß. General, 1810 Gesandter in Paris (1767-1828) 45, 39; 55, 3; 57, 39, 61, 30
Ktesias II 17
Kuhn 158, 9; 160, 11
-, dessen Frau Karoline, jüngste Tochter Wolfs (s. Wolf)
Kühn II 71
Kuithan 14, 27


Lagarde 106, 21
Laguna 100, 28
Lallemand 54, 39
Lambinus II 75
La Motte, Gustav Aug. Heinr.; dessen Frau II 58
Lamprecht II 54
Lange, Johann Wilhelm 133, 1. 10. 23; 138, 11. 24. 36; II 51. 61
Laporte-Dutheil, Fr. J. Gab. de, Mitglied der Ak. der Inschriften in Paris, Konservator der Kgl. Bibl. (1742-1815) 28, 3; 63, 15
Larcher 31, 8; 32, 29; 34, 2; 42, 20; 47, 6; 58, 30; II 16. 17. 70
Laukhard 101, 8; II 45. 46
Laurentius Lydos, s. Ioannes Lydos
Lebrtous (?) 58, 40; 60, 34
Lefèbre (Lefebvre), Tanneguy, lat. Tanaquil Faber, franz. Humanist (1615-1672) II 5. 69
-, dessen Tochter Anne, Gattin des André Dacier, gelehrte Übersetzerin griech. u. lat. Dichter (1654-1720) II 69
Lehrs, Karl, Philologe (1802-1878) II 30
Leipziger Zeitungen 95, 20
Lemcke, Geh. Forstrat II 66
Lengefeld, Charlotte v., Schillers Frau (1766-1826) II 1
Lennep 33, 11

Leo Diaconus, byz. Geschichtsschreiber (geb. um 950) 77, 36
Le Roy (lat. Regius), Louis, Prof. der griech. Sprache am Collège de France (um 1510–1577) 75, 34; 77, 9
Lessing 129, 21; II 7.58.59.82
Lévesque, Pierre Charles, franz. Geschichtsschreiber (1736–1812) 42, 39; 51, 24; 81, 3
Levrault, Handelshaus in Straßburg 64, 16
Levy, Salomon Moses in Berlin (?), Vater von Delmar (s. diesen) 54, 6
Libanios 10, 36
Liechtenstein et Viallar, Bankhaus in Montpellier 169, 44
Liégeard G. B. II 11
Lillo II 40
Lipsius II 79
Literaturzeitung, Allgemeine:
  Jenaer-Hallische 95, 25; 100, 29
  Jenaische 1, 26; 5, 34; 23, 8. 13. 16; 125, 6; II 56
Literaturzeitung, Neue Leipziger 10, 32; 11, 4. 29; 14, 15
Livius 166, 5; II 73
Loder 147, 30
Löffler 95, 17
Longinus, Cassius, Neuplatoniker (ca. 213–273) II 29
Longus 29, 6; 33, 1; II 15
Lucian 96, 14; II 54
Lucilius, C. II 86
Ludwig I., Karl August, 1825–1848 König von Bayern (1786–1868) 73, 18
Ludwig X., seit 1790 Großherzog von Hessen-Darmstadt (1753–1830) II 28
Luise II 80
Luther, Martin 77, 27; 129, 26
Luzac 95, 37

Maaß 130, 9; 131, 38; II 56. 62
Machiavelli, Niccolò di Bernardo dei, Staatsmann u. Geschichtsschreiber (1469–1527) 122, 7
Madeweis 6, 19; 134, 33
–, dessen Gattin 6, 21
Maffei II 59
Magasin Encyclopédique 82, 17
Mahne, Wilhelm Leonhard, holländ. Philologe (1772–1852) II 28
Maittaire II 23
Mally, Friedrich Karl II 25
Mangelsdorf 166, 31
Mannert II 85
Maret 82, 27
Marsan 55, 2; 61, 33
Marwitz, Alexander v. der, 1812 Hilfsarbeiter bei der Regierung in Potsdam (1787–1814) 16, 31; 71, 26; 74, 14; II 9. 31
Massow, Jul. Eberhard Wilh. Ernst v. 8, 19; 132, 27; 133, 6; 139, 27; II 49. 50. 51. 55. 61. 63. 64
Matthaei II 23
Matthiae 11, 1. 15, 40
Meckel, Philipp Friedrich Theodor II 49
Meierotto 95, 5; 159, 39
Meiners 4, 40
Meinert, Friedrich, seit 1787 ao. Prof. in Halle, von wo er 1799 abging 94, 31
Meisner 163, 26; II 40
Melampus, Grammatiker, Kommentator des Dionysios Thrax II 38
Mémoires de l' Académie des Inscriptions 42, 23; 46, 10; 49, 12; 51, 16; 54, 31
Mendelssohn, Moses II 24
Mercure de France, Pariser Monatsschrift 56, 42
Merian II 67
Meßkatalog, Leipziger 101, 17; II 44
Meusel II 25
Meyer, Johann Heinrich 154, 31
Michael Synkellos, Patriarch von Jerusalem (1. Hälfte 9. Jh.) II 5
Miller 164, 20; 166, 9
Millin 28, 14; 56, 41; 58, 45; 60, 19. 28; 69, 32; 75, 12

Mitscherlich, Christoph Wilhelm, 1782 Kollaborator am Pädagogium zu Ilfeld 163, 37
Mittwochsgesellschaft in Berlin II 66
Molo, Rhodius, Redner u. Lehrer der Beredsamkeit, Zeitgenosse Ciceros II 68
Mongez 60, 28
Moniteur universel, Le, Pariser Tageszeitung 81, 38
Montagsklub (Berlin) II 66. 82
Montague, engl. Sprachlehrer in Göttingen (?) 87, 25
Montesquieu, Charles de Secondat, Baron de Labrède et de, philosophisch-politischer Schriftsteller (1689–1755) 121, 34
Morgenstern 20, 13; II 12. 78
Morus 95, 22
Moschopulos, Manuel, byzant. Gelehrter (13.–14. Jh.) II 20
Möser, Justus, Publizist (1720–1794) II 82
Moses (Bezeichnung für einen jüd. Geldverleiher) 6, 11
Müller, Adolf II 31
Müller, Johann Samuel, Rektor des Johanneums in Hamburg (1701–1773) 96, 22
Müller, Johannes v. 20, 16; II 9. 12
Müller, Karl 151, 31
Müller, Karl Otfried II 77
Muñoz, Juan Baptista, span. Historiker (1745–1799) 132, 10
Muret(us) II 8
Museo Pio-Clementino 136, 11
Museum der Altertumswissenschaft u. Museum antiquitatis studiorum 15, 31. 36; 17, 28; 19, 23; 21, 36; 25, 16; 27, 32; 28, 2; 29, 16; 30, 25; 31, 7. 34; 41, 36; 52, 32; 56, 39; 65, 35; 78, 41; 148, 4; 152, 30; II 4. 65. 70
Mylius II 41

Napoleon I. Bonaparte II 15. 16. 62. 81. 84
Nauck 37, 24; 44, 42; 45, 23; 47, 34; 50, 44; 54, 25; 55, 9. 22; 61, 12; 62, 1. 40; 64, 5. 17; 66, 10. 15. 46; 67, 3. 25. 37; 68, 14. 19. 22. 30. 34. 39; 69, 23; 70, 3. 24; 71, 7; 72, 6.10; 73, 19; 74, 37; 75, 2. 5. 14. 20. 37; 77, 6.30; 80, 36; 81, 31; 83, 3. 13. 19; 84, 3; 86, 32; 101, 21; 106, 21; 152, 36
Naudé, Jakob, deutscher Theologe, Prof. am Joachimsthaler Gymn. (1739–1799) 106, 15
Naevius II 18
Nemesios, Bischof von Emesa in Phönikien (Mitte 5. Jh.) 115, 28; II 53
Nettelbladt II 42
Neue, Korrektor (?) in Berlin 156, 31
Neuhaus, v., Geh. Finanzrat II 66
Nicolai II 82
Nicolovius, Georg Heinrich Ludwig 34, 38
Niemeyer, August Hermann 11, 36; 103, 24; 154, 13; 166, 31; II 45. 46. 50. 52
Nigidius Figulus, P., röm. Gelehrter (um 98–45) 160, 21; II 73
Niz, Andreas Christoph, seit 1808 Rektor des Gymn. zu Greifswald (1764–1810) 23, 30
Nodot II 41
Nösselt II 50. 52. 56. 58
Notices et Extraits des Manuscrits 77, 36
Novalis, Pseudonym für Friedrich v. Hardenberg, Dichter (1772–1801) 61, 7; II 27
Nürnbergische Gelehrte Zeitungen 95, 24

Oberdeutsche Allgemeine Literaturzeitung (Salzburg) 95, 24; 100, 34; II 81
Oberschulkollegium (Oberkuratorium) der Universitäten in Berlin 92, 18. 25
Ochsner II 73
Odier, Louis, Aubert et Comp., Bankhaus in Marseille 169, 8. 31
Oelrichs II 44
Oltmanns 82, 38
Olympiodoros 52, 24; 59, 9; 73, 12; 78, 22
Oratores attici II 18
Orion 21, 37; 22, 34; 32, 32; 47, 6. 34; 58, 32; 86, 37; 148, 7; II 70

Orisso(n) II 85
Orpheus, Sänger 29, 8
Orphica 14, 16
Osann, Friedrich Gotthilf II 25
Oudin, François, Jesuit (1673–1752) II 36
Ovid II 80

Paracelsus, Philippus Aureolus P. Theophrastus Bombastus von Hohenheim, Arzt u. Naturforscher (1493–1541) 121, 30
Pardo de Figueroa 2, 1. 9; 26, 18; 142, 7; II 2
Parthenios aus Nikaia, griech. Dichter (um 73 v. Chr.) II 13
Passeri, Giovanni Battista, Kunstforscher (1694–1780) 129, 15; II 58
Passow 153, 11; II 15
Paulus, Heinrich Eberhard Gottlob II 54. 65
Paulus Silentiarius 77, 4
Pausanias 32, 13; 33, 4; 42, 25; 47, 5.31; 88, 28
Penzel II 85
Pestalozzi II 31
Petronius 88, 26
Petrus, Apostel II 65
Peucker 93, 25. 35
Pfund II 73
Philemon, Komödiendichter 65, 41
Philippides, Dichter der neuen attischen Komödie (um 311) 65, 41
Photios, byzant. Gelehrter, Lexikograph (um 820–891) II 5
Phrynichos Arabios, Lexikograph (2. Hälfte des 2. Jh. n. Chr.) 63, 38
Pindar 17, 23; 76, 31; II 11
Plantin II 53
Plato 1, 27; 2, 33; 3, 10; 5, 22. 26; 19, 1; 29, 10; 30, 35; 32, 7; 34, 30; 35, 37; 36, 4. 8; 37, 14; 39, 34; 40, 12. 17. 29. 37; 41, 19.42; 43, 3. 11; 44, 6.43; 45, 45; 47, 27. 37; 48, 3.13; 49, 2; 50, 31.44; 52. 8; 53, 28; 54, 3.22; 56, 45; 57, 11. 30; 58, 10. 17; 59, 15. 18, 61, 18; 62, 6. 26; 63 ,6.16. 29; 64, 7. 10. 26; 65, 15. 29; 66, 14; 67, 24; 68, 33; 70, 48; 71, 14; 72, 1; 73, 3. 46; 74, 6; 75, 8. 15. 23; 77, 18; 78, 20; 79, 13; 80, 7. 33; 81, 5; 82, 34; 83, 18. 25; 143, 45; 163, 14; 164, 6; II 3. 20. 32. 33
Plautus 60, 14; II 80
Plinius d. j. 117, 16
Plutarch 18, 36; 28, 1; 65, 5; 82, 15; 152, 44
Plotin 152, 13
Pogwisch, Ulrike v. II 87
Pollio 70, 48
Pollux, Julius II 71
Porgold (od. Purgold), Angestellter in der Druckerei des Hallischen Waisenhauses 96, 40; 98, 24; 99, 35
Porhyrios, Grammatiker, Kommentator des Dionysios Thrax 60, 43; II 38
Porson 21, 6; 22, 27; 23, 37
Priapea (Mitte 1. Jh. n. Chr.) 88,26
Prillwitz 120, 5
Proklos 52, 24; 59, 10; 73, 12; 80, 43; II 33. 37
Propertius, S. (um 50–15 v. Chr.) II 44
Prunelle, Clément Victor François Gabriel 80, 30
Przystanowski, mit Schleiermacher befreundet 71, 26; 74, 15; II 31

Quintilian 54, 40; 56, 32
Quintus Smyrnaeus, Epiker (4. Jh. n. Chr.) 15, 21. 17, 9. 28

Rambach, Friedrich Eberhard II 46
Ramler II 82
Raumer, Friedrich Ludwig Georg v. 53, 17; 61, 43; II 22
Raumer, Karl Georg v., Geologe, 1811 Prof. der Mineralogie in Breslau (1783–1865) 2, 37; 53, 16. 19; 60, 18; 61, 40; II 22. 31
–, dessen Gattin Friederike, Tochter Joh. Friedr. Reichardts 53, 20
Raupach, Ernst Benjamin Salomo, Bühnenschriftsteller (1784–1852) II 60

Raupach, Johann Friedrich, Dr. phil. II 60
Réclam 143, 42; 144, 12
Reichardt 1, 14; II 1
-, dessen Tochter Friederike v. Raumer, aus Reichardts zweiter Ehe mit Johanna Alberti 53, 20
Reil 11, 38
Reimarus, Hermann Samuel, Popularphilosoph (1694–1768) II 59
Reimer 30, 27; 31, 32; 37, 7; 39, 30; 41, 36; 47, 11. 23; 73, 22; 78, 41; II 66. 70
Reinert, Student in Halle 99, 11. 35. 40
Reiske 11, 3; 16, 18
Reiz 125, 4
Remer, Julius August, Prof. der Geschichte u. Statistik an der Universität zu Helmstedt (1736–1803) I 29, 12; II 58
Renouard, Antoine Augustin, Buchhändler u. Bibliograph (1765–1853) 77, 11
Renouard, Geo. 153, 14
Rhetores Graeci 75, 33; 77, 9
Rhinton aus Tarent, Phlyakendichter (um 300 v. Chr.) 55, 39
Riemer 104, 15; II 48
-, dessen Braut Karoline Ulrich II 71
Rochlitz II 26
Roquette II 85
Rosenblatt, Das 90, 14
Rosenthal in Nordhausen 93, 29
Rosenthal, Konrad Gottlieb II 43
Rothschild, Mayer Anselm, Begründer des Bankhauses R. in Frankfurt a. M. (1743–1812) 169, 33
-, dessen Sohn Anselm Mayer (1773–1855) 169, 33
Rottmanner, Karl v., Schriftsteller (1783–1822) 15, 44; II 8
Roulet, preuß. Konsul in Marseille 169, 45
Rüdiger 107, 16; 109, 6; II 49. 50. 54
Rühlmann, Friedrich Christian, Direktor des altstädtischen Lyceums in Hannover († 1815) 95, 4
Ruhnken 46, 7; 56, 2; 65, 37; 73, 13; 80, 7; 99, 21; II 8. 78

Ruppersberg, Johanna, geb. Wolf II 73
Rycke (Ryckius) II 79

Sachse, Fuhrmann in Halle 135, 5
Sachse, Schüler des Joachimsthalschen Gymnasiums II 67
Sack, Friedrich Samuel Gottfried, protest. Theologe, 1777 Hof- und Domprediger zu Berlin, 1786 Oberkonsistorialrat (1738–1817) 9, 15; 10, 5
Sack, Johann August 147, 32
Sainte-Croix 46, 12; II 48
Sallust 80, 26
Salvini II 6
Santen 95, 36
Sartorius 60, 30
Sautter, evangel. Prediger in Marseille 169, 24
Scaliger II 9
Schaaf II 77
Schäfer 15, 18; 65, 21; 66, 44; 83, 19. 30. 35; 118, 6; 119, 4. 30; 120, 25; 140, 42; 158, 27; II 4. 72
Schellenberg 151, 21; 167, 30; II 46
Schelling II 83
Schiller 161, 27; II 1. 12
Schlegel, August Wilhelm v. II 8
Schlegel, Friedrich II 26. 83
Schleiermacher 1, 31; 3, 26; 8, 23; 9, 29; 14, 26; 15, 37; 31, 16; 41, 8; 62, 7; 63, 33; 74, 15; 79, 38; 83, 17; 141, 31; II 1. 4. 6. 21. 31. 84
Schlüter, Geh. Archivarius 90, 25
Schlüter, J. Eph., Übersetzer II 36
Schmalz 6, 2; 8, 9; II 56. 58. 60
Schmid, Ernst August, Philologe, Bibliothekar in Jena, Schriftsteller (1746–1809) (?) 125, 13
Schneider, Friedrich, Komponist (1786–1853) II 86
Schneider, Johann Gottlob (Saxo) 30, 34; 47, 40; 50, 8. 13; 56, 13; 95, 19; 100, 28; 104, 26

Schneider, Konrad Leopold 143, 18. 41; II 11
Schöll, Maximilian Samson Friedrich, Schriftsteller, Buchhändler in Paris, preuß. Legationsrat (1766–1833) 32, 15; 65, 21; 77, 8; 78, 4; 81, 6; II 19
Schömann, Georg Friedrich, Philologe (1793–1879) II 86
Schubarth II 86
Schuckmann 44, 9; 49, 27. 37. 38; 53, 7. 12. 24; 55, 11; 56, 5; 61, 1. 38; 83, 16
Schulenburg, Friedrich Wilhelm, Graf v. d. S. = Kehnert, preuß. Staatsmann (1742–1815) II 55
Schulz, David II 62
Schulze, Johann Ludwig II 41
Schütz, Christian Gottfried 95, 25; 100, 31; 158, 30; 166, 29; II 28. 41. 46. 54. 78
Schwab, Gustav, Dichter (1792–1850) II 85
–, dessen Vater Johann Christoph, Oberstudienrat in Stuttgart (1743–1821) II 85
Schwarz, Friedrich Heinrich Christian, Prof. der Pädagogik u. Theologie in Heidelberg (1766–1837) II 84
Schweighäuser 152, 31
Schweinitz, Graf 26, 4. 18
Schwetschke 2, 38; 5, 14; 6, 30; 19, 10; 21, 12; 22, 12; 25, 15; 31, 31; 37, 20; 50, 40; 54, 19. 26; 129, 26
Seber, Wolfgang, Gräzist, Schulmann (1573–1634) II 9
Segaud 167, 5; 169, 40
Séguier 28, 18; 42, 34; 43, 29; 46, 3; 47, 7; 49, 14; 72, 14; 76, 5; 77, 10; 82, 17; 83, 22; 84, 12
Sektion f. d. öffentl. Unterricht 27, 17; 31, 16; 34, 39; 41, 8; 49, 40; II 16. 67
Selchow II 46
Sell, Johann Jakob, Rektor des Stettiner Gymnasiums (1754–1816) II 45
Semler 121, 36; 166, 14. 16; II 46
Seneca II 35
Serranus 54, 17
Sestini 161, 4

Shaftesbury, Anthony Ashley Cooper, Earl of, philosoph. Schriftsteller (1671–1713) 96, 21
Shakespeare II 62
Sheldonian Theatre in Oxford 152, 44; II 53
Siebenkees II 55
Sieveking, Kaufmann in Marseille 168, 45; 169, 43
Skylax 46, 12
Snethlage II 68
Sokrates 163, 14; II 22. 42
Söllig 166, 2
Solon II 7
Sömmerring 168, 1
Sophokles 27, 40; 143, 44
Spalding 33, 28; 35, 4; 43, 27; 50, 10; 54, 40; 56, 32; 149, 16; II 9. 63. 70
Spence, Joseph, engl. Gelehrter (1699–1768) 129, 16; II 58
Spilker, Johann Christoph Ferdinand, Bibliothekar in Weimar (1746–1805) 125, 12
Spohn 155, 1; 157, 31; 158, 26. 29
Sprengel, Kurt Polykarp Joachim 11, 38
Sprengel, Matthias Christian 111, 39; 112, 32; 116, 33; II 50. 51. 53. 54. 61
Stallbaum, Johann Gottfried, Rektor der Thomasschule u. ao. Prof. an der Universität Leipzig (1793–1861) II 25
Steffens 11, 39; 53, 20; 148, 25; II 1
Stein, Heinr. Friedr. Karl, Freiherr von u. zum 9, 24
Stephanus 74, 7; II 33
Stephanos, griech. Grammatiker, nur als Erklärer des Dionysios Thrax bekannt II 38
Stobaeus II 71
Strabo 29, 3
Stroth 95, 18
Stubbe, Hans Jürgen, seit 1810 Rektor der Stadtschule in Kiel (1767–1844) II 70
Sturz II 23. 36
Suetonius 144, 2; II 50. 80

Suidas II 5
Süvern 18, 24
Sylburg (geb. zu Wetter b. Marburg) 28, 21; II 38
Synkellos s. Michael

Tacitus 54, 39; 96, 22; II 79
Tambroni, Clotilda II 80
Tauchnitz, Karl Christoph Traugott, Buchhändler (1761–1836) 158, 40
Terenz 146, 5
Tezel, Johann, Ablaßkrämer (1455–1519) 60, 45
Theodoros Gazes, griech. Humanist (†1475) 11, 6; 12, 14; 13, 31
Theognis 85, 35
Theokrit 13, 10; 16, 18; 19, 16; 35, 20
Thiele, A. E., Sekretär in Leipzig 119, 33
Thiersch II 30. 82
Thilo 137, 13; II 63. 78
Thukydides 26, 21; 27, 37; 29, 1; 31, 14; 41, 26; 48, 22; 57, 41; 82, 19; 83, 27
Thurot, J. François, Prof. der griech. Sprache am Collège de France (1768–1832) 28, 11; 29, 12; 39, 2
Tibullus, Albius (um 55–19 v. Chr.) 42, 31; 51, 25; II 44
Tieftrunk II 62
Timaios, Verf. eines Platonlexikons 56, 2
Timostratos, Komödiendichter 65, 41
Toepfer, August Friedrich aus Schlesien 131, 4; II 60
Tospann 165, 1
Trapp 164, 16
Trajan II 10
Travessac siehe Valette
Treuttel u. Würtz 64, 16; 80, 23; II 19
Tübingische Gelehrte Anzeigen 95, 24
Twesten, August Detlev Christian, protest. Theologe (1789–1876) II 84
Tychsen 15, 21; 16, 7
Tyrinna 153, 13
Tyrwhitt II 7
Tzetzes II 27

Uhden 29, 42, 61, 38; II 68
Unger 101, 17

Valart, Joseph, franz. Humanist, Prof. an der Ecole militaire (1698–1781) 80, 29
Valckenaer 10, 37; 13, 10; 17, 21; II 10
Valesius s. Valois
Valette de Travessac, Antoine, franz. Gelehrter 129, 19; II 59
Valois, Henri de (Valesius), franz. Rechtsgelehrter (1603–1676) 80, 33
–, dessen Sohn Charles (1671–1746) II 36
Varnhagen v. Ense 169, 14; II 1. 2. 10. 31. 55. 77. 86
–, dessen Gattin Rahel (1771–1833) II 2. 10
Vater 11, 38; 136, 7; II 60. 76
Veltheim 135, 36
Velthusen, Johann Kaspar, Prof. der Theologie in Helmstedt, darauf in Rostock (1740–1814) 129, 35
Vieweg 93, 3
Villers 82, 18
Villoison 17, 3; 20, 6; 34, 27; 35, 32; 37, 40; 40, 21; 58, 38; 60, 42; 85, 30.38; 86, 43; II 26. 48. 49
Virgil 70, 48; 163, 19; 166, 5; II 80
Visconti, Ennio Quirino, Archäologe, Aufseher der Sammlungen des Louvre u. Konservator der Altertümer (1751–1818) 28, 13; 80, 40; II 26. 27. 62
Voigtel 121, 7; II 54. 65
Voß, Christian Daniel 116, 33; 121, 7; II 54
Voß, Johann Heinrich 42, 32; 79, 5; 148, 25; 149, 32; II 8. 31. 54. 81
–, dessen ältester Sohn Heinrich 79, 6; II 29. 35. 36. 83
–, dessen 2. Sohn Wilhelm Ferdinand Ludwig (1781–1840) II 76
Vulpius, Christian August, Jurist, Schriftsteller, Bibliothekar in Weimar, Goethes Schwager (1762–1827) 125, 14

Wachler, Johann Friedrich Ludwig, Literarhistoriker (1767–1838) 96, 20

Wagnitz 137, 18
Wahl, Samuel Friedrich Günther, Prof. der morgenländischen Sprachen in Halle (1760–1834) 112, 46; 115, 18
Waisenhaus-Buchhandlung 106, 6; 120, 1; 139, 10; 146, 23
Wald, Samuel Gottlieb, Prof. der Theologie in Königsberg (1762–1828) 95, 10
Wallquist II 79
Walz, Ernst, Christian, Philologe, Prof. an der Universität Tübingen (1802–1857) II 29
Wehnert, Gottlieb Johann Moritz, Rechtsgelehrter (1792–ca. 1852) 80, 19. 39; 83, 37
Wehrkamp in Gera 166, 14
Weidmannische Buchhandlung II 53. 79
Weigel 37,15; 44, 44; 45, 9; 48, 17; 57, 15; 58, 13; 65, 22; 66, 14; 67, 5; 68, 5; 74, 1. 35; 77, 7; 78, 4; 158, 38
Weiske, Benjamin Gotthold, Philologe, seit 1818 Prof. in Leipzig 10, 34; II 4
Welcker II 86
Wendland (?) 117,3
Wentzel, J. H., 1759–1781 Rektor der höheren Stadtschule zu Osterode am Harz (†1781) 165 ,1
Wernsdorf, Gregor Gottlieb 115, 27
Westphal, Witwe des Prof. W. in Halle II 71
Wettstein (Wetstenius), Karl Anton, holländ. Philologe II 6
Wiedeburg, C. Alb. II 13
Wieland II 32. 83
Winckelmann 44, 3
Wismayr II 81
Wolf, Friedrich August
–, dessen Gattin Sophie 163, 47; 164, 23. 31; 166, 12
–, dessen Tochter Johanna (geb. 1784) 31, 4; 160, 9
–, dessen Tochter Wilhelmine, Juli 1809 verehelichte Körte (1786–1861) 1, 13. 20; 2, 23; 3, 32; 5, 13; 6, 8. 19. 29; 9, 2. 11. 30; 13, 23; 16, 2; 56, 28; 132, 13; 142, 24; 150, 27; 151, 3; 153, 44; II 1. 12. 55. 60. 61. 65. 87
–, dessen Tochter Karoline 84, 29; 167, 18. 35
Wolf, Hieronymus II 5
Wolff, Anna Amalie Christiane, Schauspielerin, Gattin des Schauspielers u. Bühnenschriftstellers Pius Alexander Wolff (1783–1851) II 83
Wolff, Friedrich Benjamin 159, 35; II 73
Wöllner 93, 33; II 43. 47
Woltär 90, 23
Wülknitz v. 18, 31; 20, 11. 14; II 4
Wunderlich 39, 39; 56, 40
Würtz, s. Treuttel u. Würtz
Würzburger Gelehrte Anzeigen 95, 23; 100, 34
Wyttenbach 18, 34; 23, 25; 24, 8; 59, 8; 152, 42

Xenophon aus Athen 27, 38; 29, 3; 80, 12; 81, 31; 83, 28

Zedlitz 105, 12; 164, 15; 166, 11. 19; II 41
Zeitgenossen II 42
Zeitschrift für Wissenschaft u. Kunst, hrsg. von Ast II 8
Zeitung für die elegante Welt II 71
Zeitung, Vossische 86, 8
Zelter II 80. 82. 83. 87
Zimmermann 93, 3
Zinserling, August Ernst (1780–1818) 14, 14
Zosimadai, sechs Brüder Zosimas, die als Mäzene in der ersten Hälfte des 19. Jhdts. alle griechischen Institutionen, insbesondere auch wissenschaftliche, in großzügiger Weise förderten II 19. 28
Zumpt II 24
Zweibrücker Klassikerausgaben 119, 4. 36; II 54